"十三五"江苏省高等学校重点教材

（编号：2016-2-080）

YINGYONG FENXI HUAXUE SHIYAN

应用分析化学实验

李 亮　李广超　主编

U0347782

化学工业出版社

·北京·

本书选择了 69 个实验，涵盖最常开设的工业分析实验、食品分析实验、药物分析实验和环境化学分析实验。实验方法原理包括滴定分析、重量分析、光谱分析、色谱分析和电化学分析等。实验操作包括滴定分析基本操作、重量分析基本操作、紫外/可见分光光度计使用、气相色谱仪基本操作、液相色谱仪基本操作、离子色谱仪基本操作等。实验项目内容有实验目的、方法原理、实验试剂与仪器、实验内容与步骤、实验数据记录与处理等。

本书为普通高等学校相关专业开设相关实验课程的教材，也可作为与应用分析化学相关行业的从业人员的参考用书。

图书在版编目（CIP）数据

应用分析化学实验/李亮，李广超主编. —北京：化学工业出版社，2017.9
"十三五"江苏省高等学校重点教材
ISBN 978-7-122-30614-2

Ⅰ.①应…　Ⅱ.①李…②李…　Ⅲ.①分析化学-化学实验-高等学校-教材　Ⅳ.①O652.1

中国版本图书馆 CIP 数据核字（2017）第 222133 号

责任编辑：王文峡　　　　　　　　　　装帧设计：韩　飞
责任校对：王素芹

出版发行：化学工业出版社（北京市东城区青年湖南街 13 号　邮政编码 100011）
印　　装：三河市延风印装有限公司
787mm×1092mm　1/16　印张 13　字数 320 千字　2017 年 9 月北京第 1 版第 1 次印刷

购书咨询：010-64518888（传真：010-64519686）　　售后服务：010-64518899
网　　址：http://www.cip.com.cn
凡购买本书，如有缺损质量问题，本社销售中心负责调换。

定　　价：39.00 元

　　应用分析化学是分析化学在工农业生产及环境保护中的具体应用，其内容十分广泛，涉及《国民经济行业分类》（GB/T 4754）中多个行业大类中有关物质的分析测定。一些普通高等院校的应用化学专业（应用分析方向）一般都开设工业分析实验、食品分析实验、药物分析实验、环境化学分析实验等课程。为方便这些实验课程的顺利开设，满足实验课程的教学需求，提高实验课教学效果和教学质量，特将多门实验课程中最常开设的实验项目编写成《应用分析化学实验》教材。

　　本教材编写的理念是系统性、科学性和实用性。

　　1. 系统性主要体现在实验方法原理丰富（涵盖了滴定分析、重量分析、光谱分析、色谱分析和电化学分析等），实验操作全面（包括了滴定分析基本操作、重量分析基本操作、紫外/可见分光光度计使用、气相色谱仪基本操作、液相色谱仪基本操作、离子色谱仪基本操作等），实验项目内容编写完整（包含有实验目的、方法原理、实验试剂与仪器、实验内容与步骤、实验数据记录与处理等）。

　　2. 科学性主要体现在实验内容的合理性、实验操作的规范性和实验过程的严谨性。

　　3. 实用性主要体现在教材编写的实验项目与各门实验课程平时开设的实验项目是基本一致的，试样与实际工作中经常需要分析的样品是一致的，实验方法原理、实验内容和步骤与国家标准中的规定是一致的。

　　为了方便教学，本教材中每个实验项目的实验试剂均标明了试剂规格、溶液的浓度及部分溶液的配制方法，特别是一些指示剂溶液、标准溶液和一些常用的缓冲溶液，均给出了具体的配制方法。附录中还列出了实验室常用酸碱的相对密度、质量分数和物质的量浓度，实验室常用基准物质的干燥温度和干燥时间，以及实验室常用指示剂溶液、缓冲溶液的配制方法。另外，附录中还列出了部分常见化合物的分子量。

　　为了方便学生用书，本教材中的绝大多数实验项目中编写了实验数据记录与处理参考表格、实验注意事项和思考题等。

　　本教材由李亮、李广超任主编，孟庆华、卢菊生、杨伟华、贾文林参编。在编写过程中得到了屠树江、王香善、石枫、田久英、袁兴程、王海营、赵爽、赵文峰等同行的帮助,王心乐、何秀玲、张智玮、马少杰、黎劼、成佐、谢峻铭、方丹彤、黄华、邓康、李豪、赵淑楠、陈泽宏、柯钊跃、李慧、章佩丽、刘莎、何永裕、赖妙莲在查找资料和整理文本等工作中提供了帮助,化学工业出版社在本书的编写方面给予了大力支持,在此一并表示感谢。

由于编者水平有限,再加上时间仓促,不妥之处在所难免,请广大读者批评指正。

编者

2017 年 8 月

第一章 石油产品检验

第二章 水泥分析

第三章 冶金工业分析

第四章 肥料分析

第五章 煤质分析

第九章 工业用水分析

第十章 环境分析

附 录

参考文献

第一章 | 石油产品检验

石油产品密度的测定
（韦氏天平法）

一、实验目的

学习测定液体密度的原理和方法，掌握韦氏天平法测定石油产品密度的基本操作。

二、测定原理

韦氏天平法测定密度的基本依据是阿基米德定律，即当物体完全浸入液体时，它所受到的浮力大小，等于其排开的液体的重量。采用韦氏天平在相同条件下分别测定玻璃浮锤在水和样品中所受浮力的大小，在水中浮力大小 $F_w = m_w g = V_w \rho_w$，在样品中浮力大小 $F_s = m_s g = V_s \rho_s$。由于浮锤所排开的水的体积与排开试样的体积相同（$V_w = V_s$），试样的密度可用下式计算：

$$\rho_s^{20} = \frac{m_s \rho_w^{20}}{m_w}$$

式中　ρ_s^{20}——试样在20℃时的密度，g/mL；

　　　m_s——浮锤浸于20℃试样中时的浮力（骑码读数），g；

　　　m_w——浮锤浸于20℃水中时的浮力（骑码读数），g；

　　　ρ_w^{20}——水在20℃时的密度（可查表得到，也可现场测定），g/mL。

根据水的密度及浮锤在水及试样中的浮力大小即可计算出样品的密度。

每台天平有两组骑码，每组有大小不同的四个骑码，与天平配套使用。最大骑码的质量等于玻璃浮锤在20℃水中所排开水的质量，其他骑码各为最大骑码的1/10、1/100、1/1000，四个骑码在各个位置的读数见表1-1。

表1-1　不同骑码在各个位置的读数

骑码位置	一号骑码	二号骑码	三号骑码	四号骑码
放在第十位	1	0.1	0.01	0.001
放在第九位	0.9	0.09	0.009	0.0009
放在第八位	0.8	0.08	0.008	0.0008
…	…	…	…	…
放在第一位	0.1	0.01	0.001	0.0001

三、试剂、试样与仪器

1. 试剂

乙醇 [C_2H_5OH，95%（体积分数）]。

2. 试样

汽油或其他石油产品。

3. 仪器

（1）韦氏天平。

（2）恒温培养箱。

（3）电子分析天平。

四、实验内容与步骤

1. 韦氏天平的安装

按如图 1-1 所示安装好天平，并调节好水平。

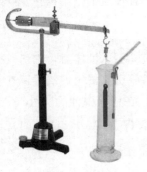

图 1-1　韦氏天平

2. 样品密度的测定

向玻璃筒内缓慢注入预先煮沸并冷却至 (20.0 ± 0.1)℃的水，将浮锤全部浸入水中，不得带入气泡，浮锤不得与筒壁或筒底接触，玻璃筒置于 (20.0 ± 0.1)℃的恒温浴中，恒温 20min 以上，然后由大到小把骑码加在横梁上，使指针水平对齐，记录读数。

将玻璃浮锤取出，倒出筒内的水，玻璃筒及浮锤用乙醇洗涤后，并干燥。

用试样代替水测定，记录读数，计算试样的密度。平行测定三次，取其平均值。

3. 水密度的测定

将洁净的 50mL 具塞锥形瓶放入恒温干燥箱中干燥至恒重，放入干燥器中，然后将干燥器在 (20.0 ± 0.5)℃的恒温培养箱中恒温。

准确移取 25.00mL 水 [在 (20.0 ± 0.1)℃的恒温浴中恒温过] 于具塞锥形瓶中，加塞后立即用电子分析天平称量其质量。根据具塞锥形瓶空瓶和加入水后的质量，以及水的体积计算出水在 20℃时的密度 ρ_w^{20}，平行测定三次，取其平均值。

✎ **注意事项**

（1）测定过程中必须严格控制温度。

（2）取用玻璃浮锤时必须十分小心，轻取轻放，最好是右手用镊子夹住吊钩，左手垫绸布或清洁滤纸托住玻璃浮锤，以防损坏。

（3）当要移动天平位置时，应把易于分离的零件、部件及横梁等拆卸分离，以免损坏刀口。

（4）根据使用的频繁程度，要定期进行清洁工作和计量性能检定。当发现天平失真或有疑问时，在未清除故障前，应停止使用，待检修合格后方可使用。

五、数据记录与处理

1. 水密度测定

项目	1	2	3
m_1(具塞锥形瓶的质量)/g			
m_2(具塞锥形瓶＋水的质量)/g			
m_3(水的质量)/g			
ρ_{w}^{20}/(g/mL)			
ρ_{w}^{20} 平均值/(g/mL)			
相对平均偏差			

2. 样品密度测定

样品名称_____   测量温度_____

项目	1	2	3
m_{w}(骑码读数)/g			
m_{s}(骑码读数)/g			
ρ_{w}^{20}/(g/mL)			
ρ_{w}^{20} 平均值/(g/mL)			
相对平均偏差			

六、思考题

1. 测定液体密度的方法有哪些？
2. 比较韦氏天平法与电子密度计法测量液体密度原理的异同。

实验二

石油产品密度的测定
（电子密度计法）

一、实验目的

学习测定液体密度的原理和方法，掌握电子密度计法测定石油产品密度的基本操作。

二、测定原理

根据阿基米德定律，浸没液体中的物体所受浮力的大小，等于物体排开液体的重量。采用电子密度计测定标准砝码在空气中的质量 m_1，在水和样品中的质量分别为 m_{w} 和 m_{s}，则标准砝码在水和样品中所受浮力大小分别为 $F_{\mathrm{w}} = (m_1 - m_{\mathrm{w}})g = V_{\mathrm{w}}\rho_{\mathrm{w}}$ 和 $F_{\mathrm{s}} = (m_1 - m_{\mathrm{s}})g = V_{\mathrm{s}}\rho_{\mathrm{s}}$。在相同温度下，由于标准砝码排开的水的体积与排开试样的体积相同，因此 $V_{\mathrm{w}} = V_{\mathrm{s}}$，于是，试样的密度可用下式计算：

$$\rho_{s}^{t} = \frac{(m_1 - m_s)\rho_{w}^{t}}{m_1 - m_w}$$

式中　ρ_{s}^{t}——试样在温度 t℃ 时的密度，g/mL；

　　　m_1——标准砝码在空气中的测得的质量，g；

　　　m_s——标准砝码在 t℃ 的试样中测得的质量，g；

　　　m_w——标准砝码在 t℃ 的水中测得的质量，g；

　　　ρ_{w}^{t}——水在 t℃ 时的密度，g/mL。

　　根据水的密度 ρ_{w}^{t} 即可计算出样品的密度。一般来说，直读式电子密度计会将不同温度时水的密度存储在仪器中，测定时只要输入水的温度，仪器便可根据嵌入的公式自动给出样品的密度值。

三、试剂、试样与仪器

1. 试剂

乙醇 [C_2H_5OH，95％（体积分数）]。

2. 试样

汽油或其他石油产品。

3. 仪器

电子密度计。

四、实验内容与步骤

1. 仪器安装

利用水平调整脚座，将水平仪中的气泡调整到黑色圆圈的中央位置，使整个机器处于水平状态。将测量架放在测量板中间。将烧杯放置板放置在主机上的固定槽中（如图 1-2 所示）。

2. 仪器的校正

插上电源，预热 5～10min；开机后，在显示"0.00"状态下，长按"ZERO"键，显示"CAL"。待显示"0100.00"并不停闪动时，**在放置好测量架而未放置烧杯放置板的情况下**，将 100g 砝码放置于测量台正中，此时机器会自动进行校正，当屏幕上显示"END"时屏幕显示"100.00"则校正完成。取下 100g 砝码，自动回到待测模式并显示"0.00"。

3. 标准砝码参数设定

安装好测量架和烧杯放置板，将挂钩置于测量架中央，按"ZERO"键归零。将标准砝码置于挂钩上，显示砝码数值，待稳定符号"0"显示后，同时按"ENTER"键＋"A"键，使砝码数值处于修改状态下，按"A"键修改数值，再按"ENTER"键存储。

将蒸馏水注入烧杯至 50mL 刻度线，置于烧杯放置板上，并使其位于测量架中央正下方，将挂钩一端置于测量架中央，将挂钩末端部位浸没在蒸馏水中，按"ZERO"键归零。

将标准砝码挂在挂钩末端，并将其完全浸没在蒸馏水中（如图 1-3 所示），显示标准砝码在水中的值，待稳定符号"0"显示后，同时按"ENTER"键和"B"键，使砝码数值处于修改状态下，按"A"键修改数值，再按"ENTER"键存储。

取下挂钩与烧杯，测量蒸馏水温度，在零点状态下，按"A"键设定水的实际温度值，按"ENTER"存储。

图 1-2　电子密度计的安装

图 1-3　电子密度计测定样品

4. 样品测定

按"ENTER"键进入密度测量状态，此时密度代表符号指向 SG。在烧杯内注入待测样品至 50mL 刻度线，置于烧杯放置板上，并使其位于测量架中央的正下方，将挂钩置于测量架中央，挂钩末端部位需浸没在待测样品中，按"ZERO"键归零。

将标准砝码挂于挂钩末端上，使其完全浸没在待测样品中，此时显示数值即为样品的密度值。

取下标准砝码，按"ENTER"键返回至零点待测状态。

📝 **注意事项**

（1）在进行标准砝码参数设定和样品测定时，标准砝码不得碰触烧杯，表面不得有气泡，水和待测样品不得外溢。

（2）在使用前及移动位置后，需对仪器行校正。

（3）为避免风的影响，在进行测定时使用防风罩。

五、数据记录与处理

样品名称_____　　　　　　　　　　　　　　　　　　　　　　测量温度_____

项目	1	2	3
ρ_s^t/(g/mL)			
ρ_s^t平均值/(g/mL)			
相对平均偏差			

六、思考题

1. 电子密度计测定液体密度的原理是什么？

2. 比较韦氏天平法与电子密度计法测量液体密度的优缺点。

实验三

石油产品闪点和燃点的测定

一、实验目的

掌握闪点测定仪测定石油产品闪点和燃点的基本操作。

二、测定原理

在规定条件下，易燃性物质被加热后所产生的气体组分与周围空气形成的混合气体，试验火焰引起混合气体发生瞬间燃烧（闪燃现象）时的最低温度，称为闪点。

由于使用石油产品时有封闭状态和暴露状态的区别，测定闪点的方法也有闭口杯法和开口杯法两种。闭口杯法多用于轻质油品的测定，开口杯法多用于润滑油及重质油品的测定。轻质油品选用闭口杯闪点是由于它与轻质油品的实际贮存和使用条件相似，可以作为安全防火控制指标的依据。重质油品及多数润滑油，一般在非密闭机件或温度不高的条件下使用，它们含轻质组分较少，在使用过程中又易蒸发扩散，因此采用开口杯法测定。对于在密闭、高温条件下使用的内燃机润滑油、特种润滑油、电器用油则要求采用闭口杯闪点。

常见的开口杯法有克利夫兰（Cleveland）开口杯法和泰格开口杯法，闭口杯法有宾斯基-马丁（Pensky-Martens）闭口法和泰格闭口杯法。GB/T 3536 规定，克利夫兰（Cleveland）开口杯试验仪适用于开口闪点高于79℃的石油产品（燃料油除外）闪点和燃点的测定。GB/T 21929 规定，泰格闭口杯试验器适用于40℃时黏度小于5.5mm^2/s，或25℃时黏度小于9.5mm^2/s，且闪点低于93℃的液体闪点的测定。对于40℃时黏度不小于5.5mm^2/s，或25℃时黏度不小于9.5mm^2/s，或闪点不低于93℃的液体闪点的测定应采用宾斯基-马丁（Pensky-Martens）闭口杯试验器测定。GB/T 261 规定，宾斯基-马丁（Pensky-Martens）闭口杯试验仪适用于可燃液体、带悬浮颗粒的液体以及在试验条件下表面趋于成膜的液体，其闭口杯闪点高于40℃样品的测定。

三、试剂、试样与仪器

1. 试剂

石油醚或汽油。

2. 试样

机油或其他石油产品。

3. 仪器

（1）克利夫兰（Cleveland）开口杯测定仪（见图 1-4、图 1-5）。

（2）宾斯基-马丁（Pensky-Martens）闭口杯闪点测定仪（见图 1-6、图 1-7）。

四、实验内容与步骤

1. 克利夫兰（Cleveland）开口杯法

采用自动开口杯测定仪进行测定时，按仪器说明书要求进行。采用手动开口杯测定仪进

图1-4　手动开口杯测定仪

图1-5　自动开口杯测定仪

图1-6　手动闭口杯闪点测定仪

图1-7　自动闭口杯闪点测定仪

行测定时按如下操作进行。

将试样倒入试验杯至刻度线，点燃试验火焰，并调节火焰直径为3.2～4.8mm。先迅速升温，控制升温速度为15℃/min左右；当试样温度达到预期闪点前56℃时减慢升温速度，在试样温度达到闪点前25℃左右时，控制升温速度为5～6℃/min。同时，开始用试验火焰划扫并通过试验杯的中心，温度每升高2℃划扫一次，每次通过试验杯所需时间约为1s。当在试样液面上出现闪火时，立即记录温度计的读数。测定闪点后，以升温速度5～6℃/min继续升温，每升高2℃划扫一次，直到试样能持续燃烧不小于5s，用带手柄的金属盖熄灭火焰，记录此温度作为试样的观察燃点。

测定时，观察气压计，记录试验期间的大气压。

将观察的闪点或燃点按下式修正为标准大气压（101.3kPa）下温度值。

$$T_f = T_0 + 0.25 \times (101.3 - p)$$

式中　T_f——标准压力下的闪点或燃点，℃；

T_0——观察的闪点或燃点，℃；

p——测定时记录的大气压力，kPa。

📝 注意事项

（1）对于室温下为液体的样品，取样前应先轻轻摇动，混匀后再小心取样，应尽可能避免挥发性组分损失。对于闪点在210℃以下的试样，加样至上标线；对于闪点在210℃以上的试样加样至下标线。如果加入的试样过多，可用移液管或其他工具取出。对于室温下为固体或半固体的样品，将装有试样的容器放入加热浴或烘箱中，在低于预期闪点 56℃ 的温度下缓慢加热，轻轻混匀样品，然后按试验步骤进行操作。测试时还要除去试样表面的气泡。

（2）若试样中水分超过 0.1% 时，必须对试样进行脱水处理。脱水的方法是在试样中加入新煅烧并冷却的氯化钠、硫酸钠或无水氯化钙。闪点低于 100℃ 的试样不能加热，闪点高于 100℃ 的试样可加热至 50～80℃。

（3）将温度计垂直放置，使感温泡距离试验杯底部 6mm，位于点火器的对面，试验杯中心与试验杯边之间的中点上。

（4）闪点测定的高低与加热条件有关。加热速度过快时，样品蒸发快，使空气中油蒸气浓度提前到达闪燃条件，造成测定结果偏低；加热速度过慢时，样品蒸发慢，造成测定结果偏高。一般来说，用电炉空气浴加热不仅使试验杯受热均匀，而且温度易于控制，比用酒精灯和煤气灯好。

（5）闪点测定的高低与点火器有关。点火火焰越大，离液面越低，停留时间越长，测定结果就越低。因此，测定仪的点火器必须严格符合标准中的规定。

（6）根据国家标准规定，若闪点低于 150℃，则平行测定两次结果的最大允许误差为 4℃；若闪点高于 150℃，则平行测定两次结果的最大允许误差为 8℃。

2. 宾斯基-马丁（Pensky-Martens）闭口杯法

采用自动闭口杯闪点测定仪进行测定时，按仪器说明书要求进行。采用手动闭口杯闪点测定仪进行测定时按如下操作进行。

将试样注入试验杯中至标线处，盖上清洁干燥的杯盖，并将试验杯放入浴套中，确保试验杯就位后插入温度计。点燃点火器，调整火焰为球形，直径为 3～4mm。开启加热器，控制升温速度每分钟 1.0～1.5℃，搅拌速度约为 250r/min。对于闪点低于 110℃ 的试样，当温度达到预计闪点前约 20℃ 时开始点火，试样每升高 1℃ 点火一次；对于闪点超过 110℃ 的试样，当温度达到预计闪点前约 20℃ 时开始点火，试样每升高 2℃ 点火一次。当第一次在试样面上方出现明显的蓝色火焰时，记录温度。

测定时，观察气压计，记录试验期间的大气压力。

将观察的闭口闪点按下式修正为标准大气压（101.3kPa）下的温度值。

$$T_c = T_0 + 0.25 \times (101.3 - p)$$

式中　T_c——标准压力下的闪点，℃；

　　　T_0——观察的闪点，℃；

　　　p——测定时记录的大气压力，kPa。

📝 注意事项

（1）对于室温下为固体或半固体的样品，将装有试样的容器放入加热浴或烘箱中，在低于预期闪点 28℃ 的温度下加热，使样品全部成为液体，然后按试验步骤进行操作。

（2）在试验期间，若控制升温速度每分钟 1.0～1.5℃，搅拌速度为 250r/min 时，适应于残渣燃料油、稀释沥青、用过的润滑油、表面趋于成膜的液体、带悬浮颗粒的液体及高黏稠材料的测定；若控制升温速度每分钟 5～6℃，搅拌速度为 90～120r/min 时，适用于表面不成膜的油漆和清漆、未用过的润滑油及其他石油产品。

五、数据记录与处理

1. 样品闪点的测定

样品名称＿＿＿＿＿＿ 测定方法＿＿＿＿＿＿ 大气压＿＿＿＿＿＿

项目	1	2	3
观察的闪点/℃			
标准压力下的闪点/℃			
平均值/℃			

2. 样品燃点的测定

样品名称＿＿＿＿＿＿ 测定方法＿＿＿＿＿＿ 大气压＿＿＿＿＿＿

项目	1	2	3
观察的燃点/℃			
标准压力下的燃点/℃			
平均值/℃			

六、思考题

1. 根据国家相关标准规定，开口杯法和闭口杯法的适用对象分别是什么？
2. 为什么要对测定仪点火器火焰大小进行严格规定？

实验四

石油产品动力黏度的测定

一、实验目的

学习石油产品动力黏度的测定原理和方法，掌握旋转黏度计的操作。

二、测定原理

黏度是液体的内摩擦力，是一层流体对另一层流体作相对运动的阻力。黏度通常分为绝对黏度、运动黏度和条件黏度。

绝对黏度又称动力黏度，是指当两个面积为 $1m^2$，垂直距离为 $1m$ 的相邻液层，以 $1m/s$ 的速度作相对运动时所产生的内摩擦力，常用 η 表示。当内摩擦力为 $1N$ 时，则该液体的黏度为 $1Pa \cdot s$（即 $N \cdot s \cdot m^{-2}$）。非法定计量单位为 P（泊）或 cP（厘泊）。它们之间的关系为：$1.0Pa \cdot s = 10P = 1000cP$。在温度 $t℃$ 时的绝对黏度用 η_t 表示。

将特定的转子浸于被测液体中作恒速旋转运动，从数字式旋转黏度计的屏幕上直接读出黏度值。

三、试剂、试样与仪器

1. 试剂

石油醚或汽油。

图 1-8 SNB-1 数字式
黏度计

2. 试样

润滑油或其他油品。

3. 仪器

SNB-1 数字式黏度计如图 1-8 所示，仪器按键功能说明见表 1-2。

表 1-2　仪器按键功能说明

按键名称	功能
MOTORON/OFF	运行/关闭键
SETSPEED	转速设置键
SELECTDISPLAY	%，η 选择键
↑ ↓	与 SETSPEED 联用,用于变换电机转速,按一次 ↑ 键,转速增大一档,按一次 ↓ 键,转速降低一档
AUTORANGE	量程显示
SELECTSPINDLE	转子号设置键
RESET	复位键

四、实验内容与步骤

1. 仪器安装

将被测液体置于直径不小于 70mm 的烧杯中。把保护架装在仪器上。将选好的洁净的转子旋入连接螺杆。旋转升降旋钮，使仪器缓慢下降，转子逐渐浸入被测试液中，直至转子液位标线和液面相平为止。将测试容器中的试样和转子恒温至（20±0.5）℃，并保持试样温度均匀。

调整仪器水平，接通电源，打开开关，显示屏显示：

黏度显示 → 0.00Pa·s　　　　　　　sp:1 ← 转子代号显示

转速显示 → 　　　　　　　　　　　　 ← 温度显示

2. 参数设置与测定

输入当前仪器选用的转子号。按一次 SELECTSPINDLE 键就可以改变一个转子号。仪器配有四个转子，从大到小的编号依次 $1^\#$、$2^\#$、$3^\#$、$4^\#$。

先按下 SETSPEED 转速设置键，再按一次"↑"键，转速增大一档，若按一次"↓"键，转速降低一挡。仪器设有四挡转速，分别为 60r/min、30r/min、12r/min、6r/min。

在确定转子转速输入无误后，按 MOTORON/OFF 键，仪器进入实测状态。

📝 注意事项

（1）若估计不出被测样品的黏度时，可试用由小到大的转子和由低到高的转速。测定低黏度的液体时宜选用 $1^\#$ 转子。按 AUTORANGE 键后，将显示某转子在一定转速下的满量程值。该功能有助于选择合适的转子和转速。当测量过程中出现"OVER"时，表明液体黏度超出仪器的最大测量范围，必须立即关闭电机，变换转子和转速。

（2）当温度偏差 0.5℃时，有些液体黏度值偏差超过 5%，温度偏差对黏度影响很大，温度升高，黏度下降。所以要特别注意将被测液体的温度恒定在规定的温度点附近，对精确测量最好不要超过 0.1℃。

（3）对于单一圆筒旋转黏度计，原理上要求外筒半径无限大，实际测量时要求外筒即测量容器的内径不低于某一尺寸。本实验使用的旋转黏度计要求测量用烧杯或直筒形容器直径不小于 70mm。实验证明特别在使用一号转子时，若容器内径过小会引起较大的测量误差。

（4）旋转黏度计对转子浸入液体的深度有严格要求，必须按照说明书要求操作。在转子浸入液体的过程中往往带有气泡，在转子旋转后一段时间大部分会上浮消失，附在转子下部的气泡有时无法消除，气泡的存在会给测量数据带来较大的偏差，所以倾斜缓慢地浸入转子是一个有效的办法。

（5）测量用的转子（包括外筒）要清洁无污物，一般要在测量后及时清洗，特别在测油漆和胶黏剂之后。清洗时可用合适的有机溶剂浸泡，千万不要用金属刀具等硬刮，因为转子表面有严重的刮痕时会带来测量结果的偏差。

（6）仪器需要调整水平，在更换转子和调节转子高度后以及在测量过程中随时注意水平问题，否则会引起读数偏差甚至无法读数。

（7）确定是否为近似牛顿流体，对于非牛顿流体应经过选择后规定转子、转速和旋转时间，以免误解为仪器不准。

五、数据记录与处理

样品名称＿＿＿＿＿＿＿＿　　测量温度＿＿＿＿＿＿＿＿　　转子代号＿＿＿＿＿＿＿＿

项目	1	2	3
动力黏度/Pa·s			
动力黏度平均值/Pa·s			

六、思考题

1. 若估计不出被测试样的黏度时，可试用由小到大的转子和由低到高的转速进行测试，是否可以试用由大到小的转子和由高到低的转速进行测试？为什么？

2. 测定高黏度液体时宜选用几号转子？

实验五

石油产品恩氏黏度的测定

一、实验目的

学习恩氏黏度的测定原理和方法，能正确使用恩氏黏度计。

二、测定原理

黏度是液体的内摩擦力，是一层流体对另一层流体作相对运动的阻力。黏度通常分为绝对黏度（动力黏度）、运动黏度和条件黏度。

条件黏度是在规定温度下，在特定的黏度计中，一定量液体流出的时间（s）；或者是此流出时间与在同一仪器中，规定温度下的另一种标准液体（通常是水）流出的时间之比。根据所用仪器和条件的不同，条件黏度通常分为恩氏黏度、赛氏黏度和雷氏黏度等。

恩氏黏度是指试样在规定温度下从恩氏黏度计中流出 200mL 所需的时间与 20℃时水从同一黏度计中流出 200mL 所需的时间之比，用符号 E_s^{20} 表示。

恩氏黏度的测定原理是按恩氏黏度的定义，分别测定试液在一定温度（通常为 50℃、100℃，特殊要求时也用其他温度）下，由恩氏黏度计流出 200mL 所需的时间 τ_s^t 和 20℃时由同一黏度计流出同样量水的时间 K_w^{20}。根据下式计算试液的恩氏黏度。

$$E_s^t = \frac{\tau_s^t}{K_w^{20}}$$

式中　E_s^t——试样在 t℃时的恩氏黏度，°；

　　　τ_s^t——试液在 t℃时从恩氏黏度计中流出 200mL 所需时间，s；

　　　K_w^{20}——黏度计水值，s。

三、试剂、试样与仪器

1. 试剂

乙醇 [C_2H_5OH，95%（体积分数）]。

2. 试样

机油或其他石油产品。

图 1-9　恩氏黏度计
和接收量瓶

3. 仪器

（1）恩氏黏度计（如图 1-9 所示）；

（2）秒表。

四、实验内容与步骤

用乙醚、乙醇和蒸馏水将黏度计的内筒洗净并自然干燥。将堵塞棒塞紧内筒的流出孔，注入一定量的蒸馏水，至恰好淹没三个尖钉。调整水平调节螺旋并微提起堵塞棒至三个尖钉刚露出水面并在同一水平面上，且流出孔下口悬留有一大滴水珠，塞紧堵塞棒，盖上内筒盖，插入温度计。向外筒中注入一定量的水至内筒的扩大部分，插入温度计。然后轻轻转动内筒盖，并转动搅拌器，至内外筒水温均为 20℃（5min 内变化不超过 ±0.2℃）。

置清洁、干燥的接收量瓶于黏度计下面并使其正对流出孔。迅速提起堵塞棒，并同时按动秒表，当接收量瓶中水面达到 200mL 标线时，按停秒表，记录流出时间。重复测定四次，若每次测定值与其算术平均值之差不超过 0.5s，取其平均值作为黏度计水值 K_w^{20}。

将内筒和接收量瓶中的水倾出，并干燥。以试样代替内筒中的水，调节至要求的特定温度，按上述测定水值的方法，测定试样的流出时间。

平行测定的允许差值，250s 以下，允许相差 1s；251～500s，允许相差 3s；501～1000s，允许相差 5s；1000s 以上，允许相差 10s。

> **📝 注意事项**
>
> （1）恩氏黏度计的各部件尺寸必须符合规定的要求，符合标准的黏度计，其水值应等于（51±1）s，并应定期校正，水值不符合规定不能使用。
>
> （2）测定时温度应恒定到要求温度的±0.2℃。试液必须呈线状流出，否则就无法得到流出 200mL 试液所需准确时间。

五、数据记录与处理

1. 恩氏黏度计水值的测定

接收量瓶体积_____　　测量温度_____

项目	1	2	3	4
接收量瓶中水面达到标线的时间/s				
绝对偏差/s				
平均值/s				

2. 样品恩氏黏度的测定

样品名称_____　　接受瓶体积_____　　测量温度_____

项　目	1	2	3	4
接收量瓶中液面达到标线的时间/s				
极差/s				
平均值/s				

六、思考题

1. 恩氏黏度是指试样在规定温度下从恩氏黏度计中流出 200mL 所需的时间与 20℃时水从同一黏度计中流出 200mL 所需的时间之比。某人在进行样品测试时，为节省时间，用样品流出 100mL 的时间乘以 2 倍，计为样品流出 200mL 的时间，这样做是否可以？为什么？

2. 有人在测定水值时，多次测定均不符合（51±1）s 的要求，可能的原因是什么？

实验六

石油产品运动黏度的测定

一、实验目的

学习运动黏度的测定方法，能正确使用运动黏度计。

二、测定原理

黏度是液体的内摩擦力，是一层流体对另一层流体作相对运动的阻力。黏度通常分为绝对黏度（动力黏度）、运动黏度和条件黏度。

运动黏度是液体的绝对黏度与同一温度下的液体密度之比，单位为 m^2/s 或 mm^2/s。可用毛细管法进行测定。

在一定温度下，当液体在已被液体完全润湿的毛细管中流动时，其运动黏度与流动时间成正比。已知水在 20℃ 时的运动黏度 ν_w^{20}，测定其在毛细管中流动的时间 τ_w^{20}，再在规定温度下用该黏度计测量样品在毛细管中的流动时间 τ_s^t，即可用下式计算样品的运动黏度 ν_s^t。

$$\nu_s^t = \frac{\tau_s^t}{\tau_w^{20}} \times \nu_w^{20} = k_w^{20} \tau_s^t$$

式中 ν_s^t——样品在一定温度下的运动黏度，mm^2/s；

τ_s^t——样品在某一毛细管黏度计中流出的时间，s；

ν_w^{20}——水在 20℃ 时的运动黏度，mm^2/s；

τ_w^{20}——水在同一毛细管黏度计中流出的时间，s；

k_w^{20}——黏度计常数。

对某一毛细管黏度计来说，ν_w^{20} 与 τ_w^{20} 比值为一常数，称为黏度计常数，用 k_w^{20} 表示。通常情况下，k_w^{20} 值在毛细管黏度计上都有注明，因此只要测出在指定温度下试样从毛细管中流出一定体积所需的时间 τ_s^t，即可计算出该试液的运动黏度 ν_s^t。

毛细管内径分别为 0.4mm、0.6mm、0.8mm、1.0mm、1.2mm、1.5mm、2.0mm、2.5mm、3.0mm、3.5mm、4.0mm、5.0mm、6.0mm，共 13 支为一组。

按试样运动黏度的值选用其中 1 支，使试液流出时间在 120～480s 范围内。在 0℃ 及更低温度下试验高黏度的润滑油时，流出时间可增至 900s；在 20℃ 试验液体燃料时，流出时间可减少 60s。

三、试剂、试样与仪器

1. 试剂

（1）乙醇 [C_2H_5OH，95％（体积分数）]。

（2）石油醚（沸程为 30～60℃）。

2. 试样

机油或其他石油产品。

3. 仪器

（1）SYP1003-VIA 型石油产品运动黏度测定器（如图 1-10 所示）；

（2）毛细管黏度计（如图 1-11 所示）。

四、实验内容与步骤

取一只适当内径的毛细黏度计，用汽油或石油醚洗涤。如果黏度计有污垢用铬酸洗液、自来水、蒸馏水及乙醇依次洗涤，然后使之干燥。在黏度计支管处连一橡胶管，将管的另一短插入盛有待测液的小烧杯中，用洗耳球将样品吸入至标线"b"处，然后捏紧橡胶管，取

图 1-10　SYP1003-VIA 型石油产品
运动黏度测定器

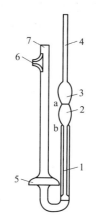

图 1-9　毛细管黏度计
1—毛细管；2、3、5—扩大部分；4、7—管身；6—支管；a、b—标线

出黏度计，倒过来，擦干管壁，并取下橡胶管。

在无支管的一端连一橡皮管，使黏度计直立于恒温水浴中，管身下部全部浸入。在黏度计旁放一温度计，使水银泡与毛细管的中心在同一水平线上，使温度控制在 20℃，在此温度下保持 10min 以上。用洗耳球将试样吸至两球之间的标线"a"以上，然后让液体自由流下，注意观察液面。当液面至标线"a"时，启动秒表，当液面流至标线"b"时，按停秒表。重复测定 4 次，取算术平均值。

> **注意事项**
>
> （1）试样含有水或机械杂质时，在测定前应将经过脱水处理，过滤除去机械杂质。
>
> （2）试样中有气泡对测定有影响，因此在测定过程中不能有气泡。
>
> （3）由于黏度随温度的变化而变化，因此对黏度计在恒温水浴中放置的时间有要求。一般在 20℃ 的水浴中放置时间应不少于 10min；在 50℃ 时放置的时间应不少于 15min；在 100℃ 时放置的时间应不少于 20min。
>
> （4）应重复测定至少 4 次，其中各次流动时间的相对偏差应符合如下要求：100～15℃ 测定时，相对偏差≤±0.5%；－30～15℃ 测定时，相对偏差≤±1.5%；低于 －30℃ 测定时，相对偏差≤±2.5%。

五、数据记录与处理

样品名称 _____　测量温度 _____　毛细管内径 _____

项目	1	2	3	4
液面从标线 a 下降到标线 b 的时间/s				
黏度计常数 k_w^{20}/(mm²/s²)				
样品的运动黏度/(mm²/s)				
相对偏差/%				
平均值/(mm²/s)				

六、思考题

1. 若试样中有气泡，对测定结果有何影响？
2. 重复测定时，若毛细管未洗干净，对测定结果有何影响？

第二章 | 水泥分析

水泥中二氧化硅的测定
（氯化铵重量法）

一、实验目的

掌握硅酸盐水泥中二氧化硅的测定原理和方法，巩固重量分析方法和光度分析方法的基本操作。

二、方法原理

试样以无水碳酸钠烧结，盐酸溶解，与固体氯化铵混匀后，在沸水浴上蒸发，使硅酸凝聚。将沉淀分离，过滤，洗涤，950℃灼烧后得到 SiO_2 沉淀中含有铁、铝等杂质。沉淀用氢氟酸处理后，再在 950℃灼烧，减少的质量即为纯 SiO_2 的质量。有关化学反应式如下：

$$Na_2SiO_3 + 2HCl = H_2SiO_3 + 2NaCl$$
$$H_2SiO_3 = SiO_2 + H_2O$$
$$SiO_2 + 6HF = H_2SiF_6 + 2H_2O$$
$$H_2SiF_6 = SiF_4 \uparrow + 2HF \uparrow$$

用硅钼蓝分光光度法测定出滤液中可溶性 SiO_2 的质量，与纯 SiO_2 的质量之和即为总 SiO_2 的质量。

三、试剂、试样与仪器

1. 试剂

（1）盐酸（HCl，36%～37%，1.18～1.19g/mL）；盐酸溶液（1+1）；盐酸溶液（3+97）。

（2）硝酸（HNO_3，68%，1.4g/mL）。

（3）硫酸（H_2SO_4，98%，1.84g/mL）；硫酸溶液（1+4）。

（4）氢氟酸（HF，40%，1.15～1.18g/mL）。

（5）乙醇 [C_2H_5OH，95%（体积分数）]。

（6）无水碳酸钠（Na_2CO_3，分析纯）。

（7）氯化铵（NH_4Cl，分析纯）。

（8）焦硫酸钾（$K_2S_2O_7$）。

（9）二氧化硅（SiO_2，光谱纯）。

(10) 硝酸银溶液（5g/L）。

(11) 抗坏血酸溶液（5g/L）。

(12) 钼酸铵溶液（50g/L） 将 5g 钼酸铵 $[(NH_4)_6Mo_7O_{24} \cdot 4H_2O]$ 溶于热水，冷却后稀释至 100mL。

(13) 二氧化硅标准贮备液（SiO_2，0.2mg/mL） 准确称取 0.2000g 二氧化硅（光谱纯，已于 1000～1100℃下灼烧 30min），置于铂坩埚中，加入 1～2g 无水碳酸钠，搅拌均匀后，于 1000～1100℃下熔融 3～5min。冷却，用热水将熔块浸出，于盛有约 300mL 热水的塑料烧杯中，待全部溶解后，冷却至室温，移入 1000mL 容量瓶中，加水稀释至标线，摇匀，移入塑料瓶中保存。

(14) 二氧化硅标准工作液（SiO_2，20μg/mL） 吸取 10.00mL 二氧化硅标准贮备液，于 100mL 容量瓶中，用水稀释至标线，摇匀，移入塑料瓶中保存。

2. 试样

市售水泥。

3. 仪器

(1) 722s 型分光光度计。

(2) 电子天平。

(3) 马弗炉。

(4) 恒稳水浴锅。

(5) 铂坩埚。

四、实验内容与步骤

1. 纯 SiO_2 的测定（碳酸钠烧结-氯化铵重量法）

准确称取 0.5g 试样（精确至 0.0001g），置于坩埚中，加入 0.3g 无水碳酸钠，充分混匀，在 950℃灼烧 15min。将烧结块转移至蒸发皿或小烧杯中，加入 5mL 盐酸及 2 滴硝酸，反应完全。用热盐酸（1+1）清洗坩埚数次，合并于蒸发皿中。将蒸发皿置于沸水浴中，盖上表面皿，蒸发至糊状后，加入 1g 固体氯化铵，用玻棒混匀，继续蒸发至近干。取下蒸发皿，加入 10～20mL 热盐酸（3+97），搅拌，使可溶性盐类溶解。

> **注意**
>
> 为操作方便，本实验可以使用 40mL 热水代替热盐酸（3+97）。

过滤，用热水洗涤烧杯和沉淀，直至滤液中无 Cl^- 为止（用 $AgNO_3$ 溶液检验）。

> **注意**
>
> 保存滤液，用于测定其他组分。

将沉淀连同滤纸放入已经恒重的瓷坩埚中，低温干燥，炭化并灰化，置于马弗炉中在 950℃温度下灼烧至恒重。冷却至室温，称量（m_1）。向坩埚中加数滴水润湿，加 3 滴硫酸（1+4）和 10mL 氢氟酸，在通风橱内缓慢蒸发至干，继续加热至不冒白烟。将坩埚放马弗炉内灼烧至恒重，冷却至室温，称量（m_2）。

纯 SiO_2 的质量分数按下式计算：

$$w(纯\ SiO_2) = \frac{m_1 - m_2}{m} \times 100\%$$

式中　$w(纯\ SiO_2)$——纯 SiO_2 的质量分数，%；

　　　　m_1——坩埚与粗二氧化硅的质量，g。

　　　　m_2——坩埚与挥发处理后剩余残渣的质量，g。

　　　　m——试样的质量，g。

2. 可溶性 SiO_2 的测定（硅钼蓝分光光度法）

（1）工作曲线的绘制　准确移取 0mL、2.00mL、3.00mL、4.00mL、5.00mL、6.00mL、8.00mL 二氧化硅标准溶液分别于 7 只 100mL 容量瓶中，用水稀释至约 40mL。加入 5mL 盐酸（1+1）、8mL 乙醇（95%）、6mL 钼酸铵溶液（50g/L），按下述温度放置不同的时间：

温度/℃	放置时间/min
10~20	30
20~30	10~20
30~35	5~20

在沸水中振摇 30s，立即以流水冷却，然后加 20mL 盐酸（1+1）、5mL 抗坏血酸溶液（5g/L），用水稀释至标线，摇匀。放置 1h，以水作参比，在波长 660nm 处测定溶液的吸光度。由测得的吸光度，绘制工作曲线，求出线性回归方程。

（2）样品测定　向经过氢氟酸处理后得到的残渣中加入 0.5g 焦硫酸钾，熔融，熔块用水和数滴盐酸（1+1）溶解，溶液并入分离二氧化硅的滤液中。于 250mL 容量瓶中用水稀释至刻度，摇匀。此溶液供测定可溶性二氧化硅、三氧化二铁、三氧化二铝、氧化钙、氧化镁等。

吸取 25.00mL 试样溶液，放入 100mL 容量瓶中，用水稀释至约 40mL。加入 5mL 盐酸（1+1）、8mL 乙醇（95%）、6mL 钼酸铵溶液（50g/L），按上述温度放置不同的时间。

在沸水中振摇 30s，立即以流水冷却，然后加 20mL 盐酸溶液（1+1）、5mL 抗坏血酸溶液（5g/L），用水稀释至标线，摇匀。放置 1h，在波长 660nm 处测定溶液的吸光度。由测得的吸光度和工作曲线的线性回归方程计算出 SiO_2 的质量。

可溶 SiO_2 的质量分数按下式计算：

$$w(可溶\ SiO_2) = \frac{(A_s - A_b - a) \times 250}{bm \times 25 \times 1000} \times 100\%$$

式中　$w(可溶\ SiO_2)$——可溶 SiO_2 的质量分数，%；

　　　　A_s——样品的吸光度；

　　　　A_b——空白实验的吸光度；

　　　　a——校准曲线的截距；

　　　　b——校准曲线的斜率；

　　　　m——试样的质量，g。

总 SiO_2 的质量分数按下式计算：

$$w(总\ SiO_2) = w(纯\ SiO_2) + w(可溶\ SiO_2)$$

式中　$w(总 SiO_2)$——样品中全部 SiO_2 的质量分数，%；

　　　　$w(纯 SiO_2)$——沉淀中纯 SiO_2 的质量分数，%；

　　　$w(可溶 SiO_2)$——滤液中含有的溶解性 SiO_2 的质量分数，%。

📝 注意事项

(1) 试样的处理　由于水泥试样中或多或少含有不溶物，如用盐酸直接溶解样品，不溶物将混入二氧化硅沉淀中，会造成结果偏高。在国家标准中规定，水泥试样一律用碳酸钠烧结后再用盐酸溶解。若需准确测定，应以氢氟酸处理。

以碳酸钠烧结法分解试样，应预先将固体碳酸钠用玛瑙研钵研细，碳酸钠加入量为 0.3g 左右。若加入量不足，试料烧结不完全，测定结果不准确；若加入量过多，烧结块容易粘坩。加入碳酸钠后，要用细玻璃棒仔细混匀，否则试料烧结不完全。

用盐酸浸出烧结块后，应控制溶液体积，若溶液太多，蒸干耗时太长。通常加 5mL 浓盐酸溶解烧结块，再以约 5mL 盐酸（1+1）和少量的水洗净坩埚。

(2) 脱水的温度与时间　脱水的温度不能超过 110℃。若温度过高，某些氯化物（$MgCl_2$、$AlCl_3$ 等）将变成碱式盐，甚至与硅酸结合成难溶的硅酸盐，用盐酸洗涤时不易除去，使硅酸沉淀夹带较多的杂质，结果偏高。反之，若脱水温度或时间不够，则可溶性硅酸不能完全转变成不溶性硅酸，在过滤时会透过滤纸，过滤速度很慢，且导致二氧化硅结果偏低。

为保证硅酸充分脱水，又不致温度过高，应采用水浴加热。不宜使用砂浴或红外线灯加热，因其温度不好控制。

为加速脱水，氯化铵不要在一开始就加入，否则由于大量氯化铵的存在，使溶液的沸点升高，水的蒸发速度反而降低。应在蒸至糊状后再加氯化铵，继续蒸发至干。

(3) 沉淀的洗涤　为防止钛、铝、铁水解产生氢氧化物沉淀及硅酸形成胶体漏失，首先应以温热的稀盐酸（3+97）将沉淀中夹杂的可溶性盐类溶解，用中速滤纸过滤，以热稀盐酸（3+97）洗涤沉淀 3~4 次，然后再以热水充分洗涤沉淀，直到无氯离子为止。但洗涤次数也不要过多，否则漏失的可溶性硅酸会明显增加。一般洗液体积不超过 120mL。

洗涤的速度要快（应使用带槽长颈漏斗，且在颈中形成水柱），防止因温度降低而使硅酸形成胶冻，以致过滤更加困难。

(4) 沉淀的灼烧　灼烧前滤纸一定要缓慢灰化完全。坩埚盖要半开，不要产生火焰，以防造成二氧化硅沉淀的损失。灼烧后也不能有残余碳存在，以免高温灼烧时发生反应，而使结果产生负误差，反应式为

$$SiO_2 + 3C = SiC + 2CO$$

试验表明，只要在 950~1000℃ 充分灼烧（约 1.5h），在干燥器中冷却至与室温一致，灼烧温度对结果的影响并不显著。灼烧后生成的无定形二氧化硅极易吸水，因此每次灼烧后冷却的条件应保持一致，且称量要迅速。

(5) 氢氟酸处理　即使严格掌握烧结、脱水、洗涤等步骤的实验条件，在二氧化硅沉淀中吸附的铁、铝等杂质的量也能达到 0.1%~0.2%，如果在脱水阶段蒸发得过干，吸附量还会增加。消除此吸附现象的最好办法就是将灼烧过的不纯二氧化硅沉淀用氢氟

酸和硫酸处理，处理后，SiO_2 以 SiF_4 形式逸出，减轻的质量即为纯 SiO_2 的质量。反应式为：

$$SiO_2 + 4HF = SiF_4 \uparrow + 2H_2O$$

（6）漏失 SiO_2 的回收　实验表明，当采用盐酸-氯化铵法一次脱水蒸干、过滤测定 SiO_2 时，会有 0.1% 左右的硅酸漏失到滤液中。为得到比较准确的结果，在基准法中规定对二氧化硅滤液采用分光光度法测定，以回收漏失的 SiO_2。当然，在水泥厂的日常分析中，既不用氢氟酸处理，又不用光度法从滤液中回收漏失的 SiO_2，分析结果也能满足生产要求。因为，一方面二氧化硅吸附杂质使结果偏高，另一方面二氧化硅漏失使结果偏低，两者能部分抵消。

五、数据记录与处理

1. 样品中纯 SiO_2 的质量分数

序号	1	2	3
样品的质量 m/g			
氢氟酸处理前(坩埚+沉淀物)的质量 m_1/g			
氢氟酸处理后(坩埚+沉淀物)的质量 m_2/g			
纯 SiO_2 的质量分数/%			
纯 SiO_2 的质量分数平均值/%			
相对平均偏差			

2. 可溶 SiO_2 的质量分数

（1）工作曲线绘制

序号	1	2	3	4	5	6	7
SiO_2 标准工作液的体积/mL							
SiO_2 的含量/mg							
吸光度							
线性回归方程							
线性相关性系数							

（2）可溶性 SiO_2 的质量分数

序号	1	2	3
样品的质量 m/g			
由工作曲线得到的 100mL 测定液中 SiO_2 的质量 m_3/mg			
可溶 SiO_2 的质量分数/%			
可溶 SiO_2 的质量分数平均值/%			

六、思考题

1. 用碳酸钠烧结法分解水泥试样有何要求？
2. 过滤硅酸沉淀需要何种定量滤纸？

3. 在水泥厂的日常分析中，既不用氢氟酸处理，又不用光度法从滤液中回收漏失的 SiO_2，分析结果也能满足生产要求。为什么？

4. 重量法测定水泥中二氧化硅，除了氯化铵重量法外，还有动物胶凝聚重量法和聚环氧乙烷重量法，试比较其原理的异同。

实验二

水泥中SiO_2的测定
（氟硅酸钾容量法）

一、实验目的

掌握氟硅酸钾容量法测定硅酸盐水泥中 SiO_2 的原理和操作方法。

二、方法原理

在试样经苛性碱熔剂（KOH 或 NaOH）熔融后，加入硝酸使硅生成游离硅酸。在有过量的氟离子和钾离子存在的强酸性溶液中，使硅形成氟硅酸钾（K_2SiF_6）沉淀，反应式如下：

$$2K^+ + H_2SiO_3 + 6F^- + 4H^+ \Longrightarrow K_2SiF_6 \downarrow + 3H_2O$$

沉淀经过滤、洗涤及中和残余酸后，加沸水使氟硅酸钾沉淀水解，然后以酚酞为指示剂，用氢氧化钠标准滴定溶液滴定生成的氢氟酸，终点颜色为粉红色。

$$K_2SiF_6 + 3H_2O \Longrightarrow 2KF + H_2SiO_3 + 4HF$$
$$HF + NaOH \Longrightarrow NaF + H_2O$$

三、试剂、试样与仪器

1. 试剂

(1) 盐酸（HCl，36%～37%，1.18～1.19g/mL）；盐酸溶液（1+5）。

(2) 硝酸（HNO_3，68%，1.4g/mL）。

(3) 邻苯二甲酸氢钾（$KHC_8H_4O_4$，基准物）。

(4) 氢氧化钠（NaOH，分析纯）。

(5) 氯化钾（KCl）。

(6) 氯化钾溶液（50g/L）。

(7) 氟化钾溶液（150g/L） 将150g氟化钾（$KF \cdot 2H_2O$）置于塑料杯中加水溶解并稀释至1L。

(8) 氯化钾-乙醇溶液（50g/L） 将5g氯化钾（KCl）溶于50mL水中，加50mL乙醇[C_2H_5OH，95%（体积分数）]，混匀。

(9) 氢氧化钠标准溶液（0.15mol/L）。

(10) 酚酞指示剂溶液（2.0g/L）。

2. 试样

市售水泥。

3. 仪器

（1）电子天平。

（2）马弗炉。

（3）电热板。

（4）塑料杯。

四、实验内容与步骤

1. 0.15mol/L 氢氧化钠溶液的配制和标定

用邻苯二甲酸氢钾基准物标定 0.15mol/L 氢氧化钠溶液的浓度。

2. 水泥样品处理

称取约 0.5g 试样（精确至 0.0001g），置于铂坩埚中，加入 6～7g 氢氧化钠，在 650～700℃的高温下熔融 20min，取出冷却。将坩埚放入盛有 100mL 近沸水的烧杯中，盖上表面皿，于电热板上适当加热，待熔块完全浸出后，取下坩埚，用水冲洗坩埚和盖，在搅拌下一次加入 25～30mL 盐酸，再加入 1mL 硝酸，用热盐酸溶液（1+5）洗净坩埚和盖，将溶液加热至沸，冷却，然后移入 250mL 容量瓶中，用水稀释至标线，摇匀。此溶液供测定二氧化硅、三氧化二铁、三氧化二铝、氧化钙、氧化镁、二氧化钛用。

3. 二氧化硅质量分数测定

吸取 50.00mL 待测溶液，放入 250～300mL 塑料杯中，加入 10～15mL 硝酸，搅拌，冷却至 30℃以下，加入氯化钾，仔细搅拌至饱和并有少量氯化钾析出，再加 2g 氯化钾及 10mL 氟化钾溶液（150g/L），仔细搅拌（如氯化钾析出量不够，应再补充加入），放置 15～20min。用中速滤纸过滤，用氯化钾溶液（50g/L）洗涤塑料杯及沉淀 3 次。将滤纸连同沉淀取下置于原塑料杯中，沿杯壁加入 10mL 30℃以下的氯化钾-乙醇溶液（50g/L）及 1mL 酚酞指示剂溶液（10g/L），用 0.15mol/L 氢氧化钠标准滴定溶液中和未洗尽的酸，仔细搅动滤纸并擦洗杯壁直至溶液呈淡红色。向杯中加入 200mL 沸水（煮沸并用氢氧化钠溶液中和至酚酞呈微红色），用 0.15mol/L 氢氧化钠标准滴定溶液滴定至微红色。

二氧化硅的质量分数按下式计算：

$$w(\text{SiO}_2) = \frac{T(\text{SiO}_2)V}{m \times \frac{50}{250}} \times 100\%$$

式中　$w(\text{SiO}_2)$——SiO$_2$ 的质量分数，%；

$T(\text{SiO}_2)$——每毫升氢氧化钠标准滴定溶液相当于 SiO$_2$ 的质量，g/mL；

V——滴定时消耗氢氧化钠标准滴定溶液的体积，mL；

m——试料的质量，g。

> 📝 注意事项
>
> （1）试样的分解　单独称样测定二氧化硅时，可采用氢氧化钾为熔剂，在镍坩埚中熔融；或以碳酸钾作熔剂，在铂坩埚中熔融。进行系统分析时，多采用氢氧化钠作熔剂，在银坩埚中熔融。对于高铝试样，最好改用氢氧化钾或碳酸钾熔样，因为在溶液中易生成比 K$_3$AlF$_6$ 溶解度更小的 Na$_3$AlF$_6$ 而干扰测定。

（2）溶液的酸度　溶液的酸度应保持在氢离子浓度为 3mol/L 左右。在使用硝酸时，于 50mL 试验液中加入 10～15mL 浓硝酸即可。酸度过低易形成其他金属的氟化物沉淀而干扰测定；酸度过高将使 K_2SiF_6 沉淀反应不完全，还会给后面的沉淀洗涤、残余酸的中和操作带来麻烦。

使用硝酸比盐酸好，既不易析出硅酸胶体，又可以减弱铝的干扰。溶液中共存的 Al^{3+} 在生成 K_2SiF_6 的条件下亦能生成 K_3AlF_6（或 Na_3AlF_6）沉淀，从而严重干扰硅的测定。由于 K_3AlF_6 在硝酸介质中的溶解度比在盐酸中的大，不会析出沉淀，从而防止了 Al^{3+} 的干扰。

（3）氯化钾的加入量　氯化钾应加至饱和，过量的钾离子有利于 K_2SiF_6 沉淀完全，这是本法的关键之一。加入固体氯化钾时，要不断搅拌，压碎氯化钾颗粒，溶解后再加，直到不再溶解为止，再过量 1～2g。

（4）氟化钾的加入量　氟化钾的加入量要适宜。一般硅酸盐试样，在含有 0.1g 试料的试验溶液中，加入 10mL 氟化钾溶液（150g/L）。如加入量过多，则 Al^{3+} 易与过量的氟离子生成 K_3AlF_6 沉淀，该沉淀水解生成氢氟酸而使结果偏高，反应式如下：

$$K_3AlF_6 + 3H_2O \Longrightarrow 3KF + H_3AlO_3 + 3HF$$

（5）氟硅酸钾沉淀的陈化　从加入氟化钾溶液开始，沉淀放置 15～20min 为宜。放置时间短，K_2SiF_6 沉淀不完全；放置时间过长，会增强 Al^{3+} 的干扰。特别是高铝试样，更要严格控制。

K_2SiF_6 的沉淀反应是放热反应，所以冷却有利于沉淀反应完全，沉淀时的温度不超过 25℃。

（6）氟硅酸钾的过滤和洗涤　氟硅酸钾属于中等细度晶体，过滤时用一层中速滤纸。为加快过滤速度，宜使用带槽长颈塑料漏斗，并在漏斗颈中形成水柱。

过滤时应采用倾泻法，先将溶液倒入漏斗中，而将氯化钾固体和氟硅酸钾沉淀留在塑料杯中，溶液滤完后，再用氯化钾溶液（50g/L）洗烧杯 2 次，洗漏斗 1 次，洗涤液总量不超过 25mL。洗涤液的温度不宜超过 30℃。

（7）中和残余酸　氟硅酸钾晶体中夹杂的金属阳离子不会干扰测定，而夹杂的硝酸却严重干扰测定。当采用洗涤法来彻底除去硝酸时，会使氟硅酸钾严重水解，因而只能洗涤 2～3 次，残余的酸则采用中和法消除。

中和残余酸的操作十分关键，要快速、准确，以防氟硅酸钾提前水解。中和时，要将滤纸展开、捣烂，用塑料棒反复挤压滤纸，使其吸附的酸能进入溶液而被碱中和，最后还要用滤纸擦洗杯内壁，中和至溶液呈红色。中和完放置后如有褪色，则不能再作为残余酸继续中和了。

（8）水解和滴定过程　氟硅酸钾沉淀的水解反应分为两个阶段，即氟硅酸钾沉淀的溶解及氟硅酸根离子的水解反应，反应式如下：

$$K_2SiF_6 \Longrightarrow 2K^+ + SiF_6^{2-}$$
$$SiF_6^{2-} + 3H_2O \Longrightarrow H_2SiO_3 + 2F^- + 4HF$$

两步反应均为吸热反应，水温越高、体积越大，越有利于反应进行。故实际操作中，应用刚刚沸腾的水，并使总体积在 200mL 以上。

上述水解反应是随着氢氧化钠溶液的加入，K_2SiF_6 不断水解，直到滴定终点时才趋于完全。故滴定速度不宜过快，且应保持溶液的温度在终点时不低于 70℃为宜。若滴定速度太慢，硅酸发生水解而使终点不敏锐。

五、数据记录与处理

1. 0.15mol/L 氢氧化钠标准溶液浓度的标定

序号	1	2	3
邻苯二甲酸氢钾的质量/mg			
滴定管初读数/mL			
滴定管终读数/mL			
消耗氢氧化钠溶液的体积/mL			
氢氧化钠溶液的浓度/(mol/L)			
氢氧化钠溶液浓度平均值/(mol/L)			
相对平均偏差			

2. 二氧化硅质量分数测定

序号	1	2	3
移取待测液的体积/mL			
滴定管初读数/mL			
滴定管终读数/mL			
消耗氢氧化钠溶液的体积/mL			
二氧化硅的质量分数/%			
二氧化硅质量分数的平均值/%			

六、思考题

1. 用苛性碱熔剂熔融水泥试样应采用何种坩埚？
2. 氟硅酸钾容量法测定样品中二氧化硅的过程中为何要用塑料杯？

实验三

水泥中Fe_2O_3、Al_2O_3、CaO、MgO的测定
（EDTA配位滴定法）

一、实验目的

掌握硅酸盐水泥中 Fe_2O_3、Al_2O_3、CaO、MgO 的测定原理和方法，巩固配位滴定法测定物质含量的原理和操作。

二、方法原理

试样用盐酸分解后，用氨水使 Fe^{3+} 与 Al^{3+} 生成 $Fe(OH)_3$ 和 $AlOH)_3$ 沉淀而与 Ca^{2+}、Mg^{2+} 分离。沉淀用盐酸（1+1）溶解，调节溶液的 pH 为 1.8~2.0，以磺基水杨酸为指示剂，用 EDTA 滴定 Fe^{3+}，然后加入一定量过量的 EDTA 煮沸，再调节溶液的 pH 约 4.2，以 PAN 为指示剂，用硫酸铜标准溶液滴定过量的 EDTA，从而分别测得 Fe_2O_3 和 Al_2O_3 的含量。

在 pH10 时用 EDTA 滴定滤液中的 Ca^{2+} 和 Mg^{2+}。在 pH12.5 时测定滤液中的 Ca^{2+}，计算出滴定 Mg^{2+} 的 EDTA 的量，从而计算出 CaO 和 MgO 的含量。

三、试剂、试样与仪器

1. 试剂

（1）乙二胺四乙酸二钠（$C_{10}H_{14}N_2O_8Na_2 \cdot 2H_2O$，分析纯）。

（2）碳酸钙（$CaCO_3$，基准试剂）。

（3）硫酸铜（$CuSO_4 \cdot 5H_2O$，分析纯）。

（4）硫酸溶液（1+1）。

（5）盐酸溶液（1+1）。

（6）氨水（1+1）。

（7）硝酸银溶液（5g/L）。

（8）硝酸铵溶液（10g/L）。

（9）氨-氯化铵缓冲溶液（pH10）　将 67.5g 氯化铵（NH_4Cl）溶于水，加入 570mL 氨水，用水稀释至 1L。

（10）乙酸-乙酸钠缓冲溶液（pH4.3）　将 42.3g 无水乙酸钠（CH_3COONa）溶于水，加入 80mL 冰乙酸，用水稀释至 1L。

（11）氢氧化钾溶液（200g/L）。

（12）磺基水杨酸钠指示剂溶液（100g/L）　10g 磺基水杨酸钠溶于 100mL 水中。

（13）酸性铬蓝 K-萘酚绿 B 指示剂（KB 混合指示剂）　称取 1.0g 酸性铬蓝 K，2.5g 萘酚绿 B 和 50g 干燥过的硝酸钾（KNO_3）混合，研细，盛于磨口瓶中。

（14）1-(2-吡啶偶氮)-2 萘酚指示剂溶液（PAN 指示剂溶液，2g/L）　将 0.2g1-(2-吡啶偶氮)-2 萘酚溶于 100mL 乙醇 [C_2H_5OH，95%（体积分数）] 中。

（15）精密试纸（pH 0.5~5.0）。

2. 试样

市售水泥。

3. 仪器

（1）电子分析天平。

（2）电加热板。

（3）滴定分析常用玻璃仪器。

四、实验内容与步骤

1. 0.02mol/L EDTA 标准溶液的配制和标定

称取约 5g 乙二胺四乙酸二钠盐溶于温水中，用水稀释至 500mL。

2. 0.02mol/L 硫酸铜标准溶液的标定

序号	1	2	3
EDTA 标准溶液的体积/mL			
滴定管初读数/mL			
滴定管终读数/mL			
消耗硫酸铜标准溶液的体积/mL			
EDTA 标准溶液与硫酸铜溶液体积比			
体积比平均值			
相对平均偏差			

3. Fe_2O_3 的测定

滴定管初读数/mL			
滴定管终读数/mL			
消耗 EDTA 溶液的体积/mL			
Fe_2O_3 的质量分数/%			

4. Al_2O_3 的测定

滴定管初读数/mL			
滴定管终读数/mL			
消耗硫酸铜标准溶液的体积/mL			
Al_2O_3 的质量分数/%			

5. CaO 的测定

序号	1	2	3
移取试液的体积/mL			
滴定管初读数/mL			
滴定管终读数/mL			
消耗 EDTA 标准溶液的体积/mL			
CaO 的质量分数/%			
CaO 的质量分数平均值/%			

6. MgO 的测定

序号	1	2	3
移取试液的体积/mL			
滴定管初读数/mL			
滴定管终读数/mL			
滴定钙镁总量消耗 EDTA 溶液的体积/mL			
滴定钙时消耗 EDTA 溶液的体积/mL			
滴定镁消耗 EDTA 溶液的体积/mL			
MgO 的质量分数/%			
MgO 的质量分数平均值/%			

六、思考题

1. 测定 Fe_2O_3 时应控制溶液的温度为多少度?

2. 在 pH 12.5 时滴定钙离子,能否采用钙指示剂或铬黑 T 指示剂?

第三章 | 冶金工业分析

铁矿石中全铁的测定
（$SnCl_2$-$TiCl_3$-$K_2Cr_2O_7$法）

一、实验目的

掌握 $SnCl_2$-$TiCl_3$-$K_2Cr_2O_7$ 法测定铁矿石中全铁的原理和方法。

二、测定原理

矿石用盐酸溶解后，在热的浓盐酸溶液中用 $SnCl_2$ 作还原剂，将试样中大部分的 Fe^{3+} 还原为 Fe^{2+}，再用 $TiCl_3$ 还原剩余的 Fe^{3+}，当全部的 Fe^{3+} 被定量还原为 Fe^{2+} 后，稍过量的 $TiCl_3$ 可用钨酸钠（Na_2WO_4）氧化去除，而钨酸钠则由无色被还原为钨蓝，然后用少量的重铬酸钾溶液将过量钨蓝氧化，使蓝色刚好消失。在硫磷混酸介质中，以二苯胺磺酸钠为指示剂，用重铬酸钾标准溶液滴定至溶液呈紫色为终点。主要反应方程式为：

$$2Fe^{3+} + SnCl_4^{2-} + 2Cl^- \Longrightarrow 2Fe^{2+} + SnCl_6^{2-}$$

$$Fe^{3+} + Ti^{3+} + H_2O \Longrightarrow Fe^{2+} + TiO^{2+} + 2H^+$$

$$Cr_2O_7^{2-} + 14H^+ + 6Fe^{2+} \Longrightarrow 2Cr^{3+} + 6Fe^{3+} + 7H_2O$$

三、试剂、试样与仪器

1.试剂

（1）盐酸（HCl，36%～37%，1.18～1.19g/mL）；盐酸溶液（1+1）。

（2）硫酸（H_2SO_4，98%，1.84g/mL）。

（3）磷酸（H_3PO_4，85%，1.68g/mL）。

（4）重铬酸钾（$K_2Cr_2O_7$，基准试剂）。

（5）氟化钠（NaF）。

（6）重铬酸钾标准溶液（0.01mol/L）。

（7）硫酸-磷酸混酸　15mL 硫酸稀释于 70mL 水中，再加入 15mL 磷酸。

（8）氯化亚锡溶液（50g/L）。

（9）钨酸钠溶液（250g/L）。

（10）三氯化钛溶液（15g/L）。

（11）二苯胺磺酸钠指示剂溶液（2g/L）。

2. 试样

市售铁矿石。

3. 仪器

（1）电子分析天平。

（2）滴定分析常用玻璃仪器。

四、实验内容与步骤

准确称取约 0.2g（精确至 0.0001g）铁矿石，于 250mL 锥形瓶中，用少量水润湿，加入 10mL 盐酸，并滴加 8～10 滴氯化亚锡溶液（50g/L）助溶。盖上表面皿，在近沸的水浴中加热 20～30min，至残渣变为白色时，表明试样溶解完全，此时溶液呈黄色（若残渣有黑色或其他颜色，可用氢氟酸或氟化铵处理）。

趁热用滴管小心滴加氯化亚锡溶液（50g/L），直至溶液由棕黄色变为浅黄色，加入 4 滴钨酸钠溶液（250g/L）和 60mL 水，加热，在摇动下滴加三氯化钛溶液（15g/L）至溶液出现稳定的浅蓝色。冲洗瓶壁，并用自来水冲洗锥形瓶外壁使溶液冷却至室温。小心滴加稀释 10 倍的重铬酸钾标准溶液（0.001mol/L），至蓝色刚刚消失。

将试液加水稀释至 150mL，加入 15mL 硫磷混酸，再加入 5～6 滴二苯胺磺酸钠指示剂（2g/L），立即用重铬酸钾标准溶液滴定至溶液呈紫色为终点。

铁矿石中铁的质量分数用下式计算：

$$w(\text{Fe}) = \frac{6cVM(\text{Fe})}{m} \times 100\%$$

式中　$w(\text{Fe})$——铁矿石中铁的质量分数，%；

　　　　c——重铬酸钾标准溶液的浓度，mol/L；

　　　　V——消耗重铬酸钾标准溶液的体积，mL；

　　$M(\text{Fe})$——铁的摩尔质量，g/mol；

　　　　m——试样的质量，g。

注意事项

（1）测定铁矿石中的铁含量还有 $SnCl_2$-$HgCl_2$-$K_2Cr_2O_7$ 法，该法成熟，准确度高。但由于使用的 $HgCl_2$ 是有毒物质，会造成环境污染，因此目前普遍采用 $SnCl_2$-$TiCl_3$-$K_2Cr_2O_7$ 无汞法代替有汞法。

（2）定量还原 Fe(Ⅲ) 时，不能单独用 $SnCl_2$。因为 $SnCl_2$ 不能使 W(Ⅵ) 还原为 W(Ⅴ)，无法指示预还原的终点，因此无法准确控制其用量。也不能单独使用 $TiCl_3$ 还原 Fe(Ⅲ)，因为溶液中如果引入较多的钛盐，当用水稀释时，大量的 Ti(Ⅳ) 易水解而生成沉淀，影响测定。因此采用 $SnCl_2$-$TiCl_3$ 联合预还原法。

（3）由于二苯胺磺酸钠也要消耗一定量的 $K_2Cr_2O_7$，因此不能多加。

（4）随着滴定的进行，Fe^{3+} 的浓度越来越大，$FeCl_4^-$ 的黄色不利于终点的观察，可借加入的 H_3PO_4 与 Fe^{3+} 生成无色的 $Fe(HPO_4)_2^-$ 配离子而消除。同时由于 $Fe(HPO_4)_2^-$ 的生成，降低了 Fe^{3+}/Fe^{2+} 电对的电位，使化学计量点附近的电位突跃增大，提高了结果的准确度。

五、数据记录与处理

序号	1	2	3
试样的质量/mg			
$K_2Cr_2O_7$ 标准溶液的浓度/(mol/L)			
滴定管初读数/mL			
滴定管终读数/mL			
消耗 $K_2Cr_2O_7$ 标准溶液的体积/mL			
铁的质量分数/%			
铁的质量分数平均值/%			
相对平均偏差			

六、思考题

1. 试比较 $SnCl_2$-$TiCl_3$-$K_2Cr_2O_7$ 法与 $SnCl_2$-$HgCl_2$-$K_2Cr_2O_7$ 法测定铁矿石中铁的优缺点。

2. 采用 $SnCl_2$-$TiCl_3$-$K_2Cr_2O_7$ 法测定铁矿石中铁,使用钨酸钠的作用是什么?

钢铁中碳的测定
(燃烧后气体容量法)

一、实验目的

学习并掌握燃烧后气体容量法测定钢铁中碳的原理和操作方法。

二、方法原理

试样于高温 1200~1300℃的氧气流中燃烧生成二氧化碳,混合气体经除硫后收集于量气管中,然后以氢氧化钾溶液吸收其中的二氧化碳,吸收前后体积之差即为二氧化碳体积,由此计算碳含量。

三、试剂、试样与仪器

1. 试剂

(1) 硫酸 (5+95)。

(2) 无水氯化钙 ($CaCl_2$)。

(3) 硫酸锰 ($MnSO_4$)。

(4) 氢氧化钾 (KOH)。

(5) 氨水 ($NH_3 \cdot H_2O$)。

(6) 高锰酸钾溶液 (4%)。

(7) 过硫酸铵溶液 (25%)。

(8) 氢氧化钾-高锰酸钾溶液 1.5g 氢氧化钾溶解于 35mL 的高锰酸钾溶液 (4%) 中。

（9）脱脂棉。

2. 试样

碳钢样品。

3. 仪器

气体容量法测定碳装置如图 3-1 所示。

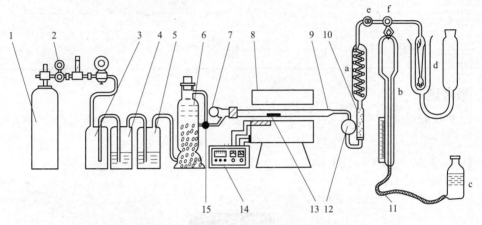

图 3-1 气体容量法测定碳装置示意图

1—氧气瓶；2—氧气表；3—缓冲瓶；4,5—洗气瓶；6—干燥塔；7—磨口塞；8—管式炉；

9—瓷管；10—除硫管；11—定碳仪；12—球形干燥管；13—瓷舟；14—温度控制器；15—供氧活塞

（1）洗气瓶 4　内盛氢氧化钾-高锰酸钾溶液（1.5g 氢氧化钾溶解于 35mL4％的高锰酸钾溶液中），其高度约为瓶高度的 1/3。

（2）洗气瓶 5　内盛浓硫酸，其高度约为瓶高度的 1/3。

（3）干燥塔　上层装碱石灰（或碱石棉），下装无水氯化钙，中间隔以玻璃棉，底部与顶部铺玻璃棉。

（4）管式炉　使用温度通常为 1300℃，最高可达 1350℃，有温度控制器控制。

（5）球形干燥管　内装干燥脱脂棉。

（6）除硫管　直径 10～15mm，长 100mm 玻璃管，内装 4g 颗粒活性二氧化锰（或粒状钒酸银），两端塞有脱脂棉，除硫剂失效应重新更换。

活性二氧化锰制备方法　硫酸锰 20g 溶解于 500mL 水中，加入氨水 10mL，摇匀，加 90mL 过硫酸铵溶液（25％），边加边搅拌，煮沸 10min，再加 1～2 滴氨水，静止至澄清（如果不澄清则再加过硫酸铵适量）。抽滤，用氨水洗 10 次，热水洗 2～3 次，再用硫酸（5+95）洗 12 次，最后用热水洗至无硫酸反应。于 110℃烘箱烘干 3～4h，筛取 20～40 目，在干燥器中备用。

（7）容量定碳仪　蛇形管 a 套管内通冷却水，用以冷却混合气体；量气管 b 用来测量气体体积；水准瓶 c 内盛酸性氯化钠溶液；吸收器 d 内盛 40％氢氧化钾溶液；小活塞 e 可以通过 f 使 a 和 b 接通，也可分别使 a 或 b 通大气；三通活塞 f 可以使 a 与 b 接通，也可使 b 与 d 接通。

（8）瓷管　长 600mm，内径 23mm（亦可采用相近规格的瓷管），使用时先检查是否漏气，然后分段灼烧。瓷管两端露出炉外部分长度不小于 175mm，以便燃烧时管端仍是冷却的。粗口端连接玻璃磨口塞，锥形口端用橡胶管连接于球形干燥管上。

（9）瓷舟　长88mm或97mm，使用前需在1200℃管氏炉中通氧灼烧2～4min，也可于1000℃高温炉中灼烧1h以上，冷却后贮于盛有碱石棉或碱石灰及氯化钙的未涂油脂的干燥器中备用。

四、实验内容与步骤

转动三通活塞，使量气管通大气，固定水准瓶位置，使量气管内的酸性氯化钠溶液水平面在零点。转动三通活塞，使吸收器通大气，并使吸收器中的两液面平衡，画上标线。

将炉温升至1200～1300℃，检查管路及活塞是否漏气，装置是否正常。转动三通活塞使量气管与大气接通，提升水准瓶使量气管内充满酸性溶液，水准瓶置于高位。

称取试样（含碳1.5%以下称取0.5～2.0g，含碳1.5%以上称0.2～0.5g）（精确至0.0001g）平铺于瓷舟中，覆盖适量助熔剂（约0.2g），启开玻璃磨口塞，将瓷舟放入瓷管内，用长钩推至高温处，立即塞紧磨口塞。预热1min，转动三通活塞使冷凝管和量气管相通，并以2L/min的速度通入氧气，将水准瓶缓慢下移，待试样燃烧完毕，将水准瓶立即收到标尺的零点位置。当酸性氯化钠溶液液面下降到接近标尺零点时，迅速打开胶塞，停止通氧。液面对准零点，转动三通活塞使量气管与吸收器相通，将水准瓶置于高位，将量气管内的气体全部压入吸收器，再下降水准瓶，调节吸收器内液面对准预先标记的标线，此时水准瓶与量气管的液面平衡，读取量气管上的刻度、温度和大气压（高碳试样应进行2次吸收）。转动三通活塞，使量气管与大气相通，提升水准瓶使量气管内充满溶液，水准瓶放至高处，随即关闭三通活塞即可进行下一试样分析。

若标尺刻度单位为二氧化碳体积（毫升）时，则样品中碳的质量分数用下式计算：

$$w(\text{C}) = \frac{AVf}{m} \times 100\%$$

若标尺的刻度为碳质量分数时，则样品中碳的质量分数用下式计算：

$$w(\text{C}) = \frac{20AXf}{m} \times 100\%$$

式中　$w(\text{C})$——碳的质量分数，%；

A——温度16℃，气压101.3kPa，每毫升二氧化碳中碳质量（g）。当用酸性水溶液作封闭液时，$A=0.0005000$g；用氯化钠酸性溶液作封闭液时，$A=0.0005022$g；

V——吸收前与吸收后气体的体积差，即二氧化碳体积，mL；

X——标尺读数（含碳量）；

m——试样质量，g；

20——标尺读数（含碳量）换算成二氧化碳气体体积（mL）的系数；

f——温度、压力校正系数，采用不同封闭液时其值不同。

f值可用下式计算：

$$f = \frac{p - p_t}{101.3 - p_{16}} \times \frac{16 + 273.2}{t + 273.2}$$

式中　p——测定时的大气压，kPa；

p_t——测定温度为t时水的饱和蒸气压，kPa；

p_{16}——16.00℃时水的饱和蒸气压，kPa。

t——测定时的温度，℃。

📝 **注意事项**

(1) 本方法适用于生铁、铁粉、碳钢、高温合金及精密合金中碳量的测定，测定范围是 0.10%～2.0%。

(2) 使用的助熔剂有锡粒（或锡片）、氧化铜、五氧化二钒等，要求助熔剂中含碳量一般不超过 0.005%，使用前应做空白试验，并从分析结果中扣除。

(3) 更换水准瓶所盛溶液、玻璃棉、除硫剂、氢氧化钾溶液后，应做几次高碳试样，使二氧化碳饱和后，方能进行操作。

(4) 如分析含硫量高的试样（0.2%以上），应增加除硫剂量，或多增加一个除硫管。

(5) 在测定过程中，必须避免温差所产后的影响。温差是指测量过程中冷凝管、量气管和吸收管三者之间温度上的差异。为此，要适当选择定碳仪的安放地点及位置，使定碳仪远离高温炉，避免阳光的直接照射和其他形式的热辐射，并尽可能改善定碳室的通风条件等。

(6) 测定过程中应观察试样是否完全燃烧，如燃烧不完全，需重新分析。一般来说，试样燃烧后的表面应光滑平整，如表面有坑状等不光滑之处则表明燃烧不完全。

(7) 如分析完高碳试样后，应空通一次，才能接着作低碳试样。

(8) 新的燃烧管要进行通氧灼烧，以除去燃烧管中有机物。

五、数据记录与处理

测量时温度_____ 大气压力_____ $A=$_____

序号	1	2	3
试样的质量/mg			
标尺读数(二氧化碳的体积)/mL			
标尺读数(碳含量)/%			
碳的质量分数/%			
碳的质量分数平均值/%			
相对平均偏差			

六、思考题

除硫管中装填的除硫剂是什么？如何制备？

实验三

钢铁中磷含量的测定
（磷钼蓝分光光度法）

一、实验目的

学习并掌握磷钼蓝分光光度法测定钢铁中磷含量的方法。

二、方法原理

试样用氧化性酸溶解后，磷大部分生成磷酸，部分生成亚磷酸，用 $KMnO_4$ 处理后，全部被氧化为磷酸，同时破坏了碳化物。

$$3Fe_3P+41HNO_3 = 9Fe(NO_3)_3+3H_3PO_4+14NO\uparrow+16H_2O$$

$$Fe_3P+13HNO_3 = 3Fe(NO_3)_3+H_3PO_3+4NO\uparrow+5H_2O$$

$$5H_3PO_3+2KMnO_4+6HNO_3 = 5H_3PO_4+2KNO_3+2Mn(NO_3)_2+3H_2O$$

磷酸与钼酸铵反应生成黄色的磷钼杂多酸：

$$H_3PO_4+12H_2MoO_4 \longrightarrow H_3[P(Mo_3O_{10})_4]+12H_2O$$

然后加入还原剂 $SnCl_2$ 使配合物中 $Mo(Ⅵ)$ 还原为 $Mo(Ⅳ)$，即可生成蓝色的磷钼酸盐，在波长 660nm 处测定吸光度。

$$H_3[P(Mo_3O_{10})_4]+4Sn^{2+}+8H^+ = (2MoO_2 \cdot 4MoO_3)_2 \cdot H_3PO_4+4Sn^{4+}+4H_2O$$

三、试剂、试样与仪器

1. 试剂

（1）硝酸（1+3）。

（2）高锰酸钾溶液（50g/L）。

（3）硫酸溶液（1+1）。

（4）亚硝酸钠溶液（100g/L）。

（5）氟化钠溶液（24g/L）。

（6）钼酸铵-酒石酸钾钠溶液（各90g/L）。

（7）氯化亚锡溶液（200g/L）。

（8）氟化钠-氯化亚锡混合溶液　取氟化钠溶液100mL，加二氯化锡溶液1mL，用前配制。

（9）尿素溶液（100g/L）。

（10）标准钢样。

（11）磷标准工作液（P，$10\mu g/mL$）。

2. 试样

生铁或铸铁。

3. 仪器

（1）可见分光光度计。

（2）电子分析天平。

四、实验内容与步骤

1. 样品测定

称取生铁或铸铁试样0.1～0.2g（精确至0.0001g）于150mL烧杯中，加5～10mL硝酸（1+3），加热溶解，煮沸20s，再滴加高锰酸钾溶液（50g/L）至析出褐色沉淀，微沸30s，缓慢滴加亚硝酸钠溶液（100g/L）至溶液褐色消失，微沸1min。取下立即加钼酸铵-酒石酸钾钠溶液5mL，氟化钠-二氯化锡溶液20mL，尿素溶液5mL。冷却至室温，移入50mL比色管中，用水稀释至刻度，摇匀。用1cm比色皿，水作参比，在波长660nm处测定吸光度。

2. 工作曲线的绘制

准确称取与试样成分接近的钢标样 0.04g、0.06g、0.08g、0.10g、0.15g（精确至 0.0001g），用溶解样品的方法溶解后配成 50mL 溶液，按测定试样的方法分别测定其吸光度。

也可以称取含磷低于 0.0005% 的纯铁 0.1~0.2g（精确至 0.0001g），共 6 份。分别加入含磷 $10\mu g/mL$ 的磷标液 0.0mL、0.50mL、1.00mL、1.50mL、2.00mL、2.50mL，显色后按上述测定方法测定溶液的吸光度。

> **注**
>
> 钢铁中磷含量的范围一般为 0.01%~0.05%。

试样中磷的质量分数按下式计算：

$$w(\mathrm{P}) = \frac{(A_s - A_b - a) \times 10^{-6}}{bm} \times 100\%$$

式中　$w(\mathrm{P})$——试样中磷的质量分数，%；

A_s——样品的吸光度；

A_b——空白实验的吸光度；

a——校准曲线的截距；

b——校准曲线的斜率；

m——试样质量，g。

> **注意事项**
>
> （1）控制适宜的酸度，即 $[\mathrm{H}^+]$ 为 0.7~1.1mol/L 有利于磷钼杂多酸的形成。若酸度低于 0.7mol/L 时，磷钼杂多酸被还原时，过量的钼酸铵也被还原；若酸度为 0.7~1.1mol/L 时，磷钼杂多酸被还原时，过量的钼酸铵不被还原，配合物的颜色稳定；若酸度为 1.1~1.4mol/L 时，只有部分磷钼杂多酸能被还原，当酸度高于 1.4mol/L 时，不能有磷钼蓝生成。
>
> （2）由于硅的存在可部分生成硅钼杂多酸，当被进一步还原为硅钼蓝时，会使磷的测定结果高。因磷钼杂多酸与硅钼杂多酸生成的酸度不同，可采用控制酸度的方法进行消除。通常控制溶液的酸度 $[\mathrm{H}^+]$ 为 0.8mol/L，加入钼酸铵后，立即加入还原剂可以避免硅钼杂多酸生成。另外，配制钼酸铵-酒石酸钾钠混合溶液，使钼酸铵生成稳定的络合物，降低了游离的 $\mathrm{MoO_4^{2-}}$ 的浓度，可以防止硅钼杂多酸的生成。
>
> （3）NaF 的用量以掩蔽试液中 $\mathrm{Fe^{3+}}$ 后稍有过量为宜，若用量过多会破坏磷钼杂多酸，过少掩蔽不彻底。因此，一般控制为 17~20g/L。
>
> （4）$\mathrm{SnCl_2}$ 的用量必须控制在将磷钼杂多酸定量还原为磷钼蓝，而不还原溶液中过量的钼酸铵为原则，一般控制为 1~2g/L 为宜。
>
> （5）在显色时控制温度在 20~30℃为宜。若温度低于 15℃将不显色，低于 20℃需要延长显色时间，高于 30℃时颜色不稳定。

（6）大量的 Fe^{3+} 存在时会与 $SnCl_2$ 反应，使测定结果不好控制，可加入 NaF 或 NH_4F 掩蔽。当 $As(V)$ 的含量超过 0.1% 时，干扰测定，可以加酒石酸掩蔽。对于 Cr^{3+} 等其他有色离子的干扰可以采用相应的参比溶液进行消除。

五、数据记录与处理

1. 工作曲线绘制

序号	1	2	3	4	5	6
钢标样的质量/g						
磷的含量/μg						
吸光度						
线性回归方程						
线性相关性系数						

2. 样品测定

序号	1	2	3
试样的质量/g			
试液吸光度			
试样中磷的质量分数/%			
试样中磷的质量分数平均值/%			

六、思考题

1. 加入氯化亚锡的作用是什么？还可用其他何种还原剂？
2. 加入氟化钠的作用是什么？

实验四

铝合金中微量元素测定
（原子吸收分光光度法）

一、实验目的

掌握原子吸收分光光度法（标准加入法）测定铝合金中微量元素的方法。

二、方法原理

某些元素的少量甚至痕量存在会显著影响铝合金的组织和性能。为控制和改善铝合金的组织与性能，常常定量加入不同合金元素，或以不同方法限制一些元素在合金中的含量。研究表明，铝合金中微量元素对合金的组织和性能却有十分显著的影响，主要表现在对铸造合金的变质作用、对时效铝合金的时效和抑制作用，以及对形变铝合金再结晶的抑制作用。铝合金中常见的微量元素有锌、铜、镁、铁等。

采用氢氧化钠-过氧化氢-硝酸溶解试样，以氯化锶为释放剂，采用标准加入法测定微量元素锌、铜、镁和铁等。

三、试剂、试样与仪器

1. 试剂

(1) 高氯酸（$HClO_4$，70%～72%，1.60g/mL）。

(2) 过氧化氢（H_2O_2）。

(3) 硝酸（1+1）。

(4) 氢氧化钠溶液（200g/L）。

(5) 氯化锶溶液（200g/L）。

(6) 锌标准贮备液（1.00mg/mL）　称取高纯（99.99%）锌 0.5000g（精确至 0.0001g），于100mL 烧杯中，加 20mL 硝酸溶液（1+1），溶解，加 10mL 高氯酸，加热至冒烟，冷却后用去离子水稀释至 500mL。

(7) 锌标准工作液（30.00μg/mL）　移取锌标准贮备液 3.00mL 于100mL 容量瓶中，用水稀释至标线，摇匀。

(8) 铜标准贮备液（1.00mg/mL）　称取高纯（99.99%）铜 0.5000g（精确至 0.0001g），于100mL 烧杯中，加 20mL 硝酸溶液（1+1），溶解，加 10mL 高氯酸，加热至冒烟，冷却后用去离子水稀释至 500mL。

(9) 铜标准工作液（30.00μg/mL）　移取铜标准贮备液 3.00mL 于100mL 容量瓶中，用水稀释至标线，摇匀。

(10) 铁标准贮备液（1.00mg/mL）　称取高纯（99.99%）铁 0.5000g（精确至 0.0001g），于100mL 烧杯中，加 20mL 硝酸溶液（1+1），溶解，加 10mL 高氯酸，加热至冒烟，冷却后用去离子水稀释至 500mL。

(11) 铁标准工作液（40.00μg/mL）　移取铁标准贮备液 4.00mL 于100mL 容量瓶中，用水稀释至标线，摇匀。

(12) 镁标准贮备液（1.00mg/mL）　称取高纯（99.99%）镁 0.5000g（精确至 0.0001g），于100mL 烧杯中，加 20mL 硝酸溶液（1+1），溶解，加 10mL 高氯酸，加热至冒烟，冷却后用去离子水稀释至 500mL。

(13) 镁标准工作液（100.0μg/mL）　移取铁标准贮备液 10.00mL 于100mL 容量瓶中，用水稀释至标线，摇匀。

2. 试样

市售铝合金，制成粉末试样。

3. 仪器

(1) 电子分析天平。

(2) 原子吸收分光光度计。

四、实验内容与步骤

1. 配制标准溶液系列和空白溶液

(1) 配制标准溶液系列

称取 0.20g（精确至 0.0001g）试样，于 200mL 烧杯中，加 20mL 氢氧化钠溶液（200g/L），盖上表面皿，低温加热溶解，待反应停止时，加 3mL 过氧化氢，加热至无气泡，冷却，加 30mL 硝酸溶液（1+1），加热至溶液澄清，煮沸驱尽氮氧化物，冷却，转移至 100mL 容量瓶中，加水稀释至标线，摇匀，即为试样溶液。

取 5 个 50mL 容量瓶，按下表配制标准溶液系列：

项目	0	1	2	3	4
试样溶液体积/mL	10.00	10.00	10.00	10.00	10.00
锌标准工作液体积/mL	0.00	1.00	2.00	3.00	4.00
铜标准工作液体积/mL	0.00	1.00	2.00	3.00	4.00
铁标准工作液体积/mL	0.00	1.00	2.00	3.00	4.00
镁标准工作液体积/mL	0.00	1.00	2.00	3.00	4.00

在每个容量瓶中加入 1mL 氯化锶溶液（200g/L），用水稀释至刻度，摇匀。

（2）空白溶液的配制　称取高纯（99.99%）铝 0.20g（精确至 0.0001g），于 200mL 烧杯中，加 20mL 氢氧化钠溶液（200g/L），低温加热溶解，待反应停止时，加 3mL 过氧化氢，加热至无气泡，冷却，加 30mL 硝酸溶液（1+1），加热至溶液澄清，冷却，转移至 100mL 容量瓶中，加水稀释至标线，摇匀。

移取 10.00mL 铝标准溶液，于 50mL 容量瓶中，加 1mL 氯化锶溶液（200g/L），加水稀释至标线，作为空白溶液。

2. 样品测定

（1）仪器工作条件　测定不同元素仪器的参考条件。

测定元素	分析线/nm	灯电流/mA	燃烧器高度/mm	狭缝/mm
锌	213.9	8	6	0.2
铜	324.8	7	5	0.7
铁	248.3	8	6	0.2
镁	285.2	6	10	0.7

（2）吸光度测定　在针对不同元素选定好的仪器工作条件下，依次测定 0 号至 4 号标准溶液系列的吸光度。同时测定空白溶液的吸光度。

（3）标准加入法工作曲线绘制　以扣除空白溶液吸光度的吸光度值为纵坐标，以相应的待测元素加入量为横坐标作图，延长直线至与含量轴的延长线相交，此交点与原点间的距离即相当于标准系列溶液中含有待测元素的含量。

则样品中待测元素含量按下式计算：

$$w(i) = \frac{\rho(i)}{m} \times \frac{100}{10} \times 10^{-6} \times 100\%$$

式中　$w(i)$——试样中组分 i 的质量分数，%；

$\rho(i)$——由工作曲线得到的 10mL 试样溶液中组分 i 的含量，μg；

m——试样质量，g。

五、数据记录与处理

序号	1	2	3	4	5	6
锌标准工作液的体积/mL	0.00	1.00	2.00	3.00	4.00	空白溶液
加入锌的量/μg	0.00	30.00	60.00	90.00	120.00	0.00
吸光度						
校正后回归方程						
线性相关性系数						
样品的质量/g						
ρ_{Zn}/μg						
样品中锌的含量/%						

六、思考题

1. 加入氯化锶的作用是什么?
2. 原子吸收光谱分析定量方法有哪几种?

第四章　肥料分析

尿素中水分的测定
（卡尔·费休法）

一、实验目的

1. 掌握卡尔·费休法测定尿素中微量水分的方法原理；
2. 掌握水分测定仪的操作方法。

二、方法原理

$$SO_2 + I_2 + 2H_2O \Longrightarrow H_2SO_4 + 2HI$$

此反应具有可逆性，当硫酸浓度达到 0.05％ 以上时，即发生逆反应。要使反应顺利进行，需要加入适量的碱性物质，一般加入吡啶作溶剂可以满足要求。

$$C_5H_5N \cdot I_2 + C_5H_5N \cdot SO_2 + C_5H_5N + H_2O \Longrightarrow 2C_5H_5N \cdot HI + C_5H_5N \cdot SO_3$$
碘吡啶　　亚硫酸吡啶　　　　　　　　　　　氢碘酸吡啶　　　硫酸吡啶

生成的硫酸吡啶很不稳定，与水发生副反应而干扰测定。

$$C_5H_5N \cdot SO_3 + H_2O \Longrightarrow C_5H_5N \cdot HHSO_4$$

若有甲醇存在，硫酸吡啶可以生成稳定的甲基硫酸氢吡啶。

$$C_5H_5N \cdot SO_3 + CH_3OH \Longrightarrow C_5H_5N \cdot HSO_4CH_3$$

由此可见，滴定操作的标准溶液是含有 I_2、SO_2、C_5H_5N 及 CH_3OH 的混合溶液，此溶液称为卡尔·费休试剂（Karl Fisher reagent）。

总反应为：

$$I_2 + SO_2 + 3C_5H_5N + CH_3OH + H_2O \Longrightarrow 2C_5H_5N \cdot HI + C_5H_5N \cdot HSO_4CH_3$$

三、试剂、试样与仪器

1. 试剂

（1）卡尔·费休试剂（可以购买也可以自行配制）　称取 85g 碘于干燥的 1L 具塞的棕色玻璃试剂瓶中，加入 670mL 无水甲醇，盖上瓶塞，摇动至碘全部溶解后，加入 270mL 吡啶混匀，然后置于冰水浴中冷却，通入干燥的二氧化硫气体 60～70min，通气完毕后塞上瓶塞，放置暗处至少 24h 后使用。

（2）无水甲醇（要求其含水量在 0.05％ 以下）　量取甲醇约 200mL 置干燥圆底烧瓶中，加光洁镁条 15g 与碘 0.5g，接上冷凝装置，冷凝管的顶端和接收器支管上要装无水氯化钙

45

干燥管，当加热回流至金属镁开始转变为白色絮状的甲醇镁时，再加入甲醇800mL，继续回流至镁条溶解。分馏，用干燥的抽滤瓶作接收器，收集64~65℃馏分备用。

(3) 无水吡啶（要求其含水量在0.1%以下）　吸取吡啶200mL置干燥的蒸馏瓶中，加40mL苯，加热蒸馏，收集100~116℃馏分备用。

2. 试样

市售尿素。

3. 仪器

(1) KF-1型水分测定仪（如图4-1所示）　仪器采用"永停法"来测定终点，在两电极间施加10~25mV电压，当过量一滴卡尔·费休试剂时，由于游离碘的存在，溶液开始导电，外路有电流通过，微安表偏转一定刻度，即为终点。

(2) ZKF-1型自动水分测定仪（如图4-2所示）　滴定过程由两端加上电源的双铂电极跟踪，从极化的双铂电极所得到的电流信号控制滴定。当溶液中只有碘化物存在时，电极极化无电流通过，而当达到滴定终点时（水反应完毕），溶液中游离碘存在，使电极去极化，电流骤增，使一个电极上的碘（I^-）被氧化，而另一个电极上同样量的碘（I_2）被还原，此时根据所消耗的卡尔·费休试剂量即可计算出样品中的水含量。

图4-1　KF-1型水分测定仪

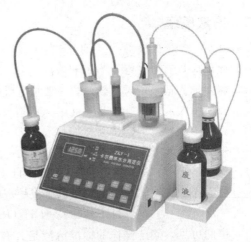

图4-2　ZKF-1型自动水分测定仪

仪器由计量部件、平面阀部件、反应杯部件和注排液部件组成。计量部件由计量管、活塞、驱动电机和机械传动系统等组件构成。平面阀部件由阀体、阀板及驱动电机等组件组成。反应杯部件由反应杯、滴定管、电极及搅拌系统等组件组成。注液排液部件由电动隔膜泵组成。

四、实验内容与步骤

1. 采用 KF-1 型水分测定仪进行测定

(1) 仪器准备　将玻璃仪器洗净、烘干，按图示将各部件连接好。向反应瓶中加入约50mL无水甲醇，并放搅拌子一颗，接通电源，打开搅拌器，调节好转速。关闭排废液的进气阀，打开贮液瓶的进气阀，然后充气，使滴定管中充满卡尔·费休试剂。

将校正开关扳到"校正"的位置，调节校正旋钮，使电表指针在稍有过量的卡尔·费休试剂存在时，就会向右偏转一个相当大的角度。把开关转到"测定"位置，然后向反应瓶中滴加卡尔·费休试剂。并注意观察指针的偏转情况，若发现指针偏转较大，而且不及时返回，就表示已近终点，当达到最大偏转，且持续相当长时间不回转就表示到达终点。此时不记录读数。

> **注意**
>
> 开始时可以滴加快一些，接近终点时稍慢些。

（2）卡尔·费休试剂的标定　准确称取 20～25mg 的蒸馏水，加入已经滴定到终点的含有 50mL 无水甲醇的反应瓶中，记录滴定管中卡尔·费休试剂的初始读数。打开搅拌器进行滴定，到达终点时记录滴定管的读数，按下式计算卡尔·费休试剂对水的滴定度。

$$T = \frac{m_1}{V_1} \times 1000$$

式中　T——卡尔·费休试剂对水的滴定度，mg/mL；

m_1——所用水-甲醇标准溶液中水的质量，g；

V_1——消耗卡尔·费休试剂体积，mL。

> **注意**
>
> 卡尔·费休试剂每次使用前都必须进行标定，平行测定 3 次。

（3）样品测定　称取 1～5g（精确至 0.0001g）试样（控制消耗卡尔·费休试剂不超过 10mL 为宜）。向反应瓶中加入约 50mL 无水甲醇，用卡尔·费休试剂滴定至终点。然后迅速加入已经称好的试样于反应瓶中，立即塞好，开动电磁搅拌器使试样中的水分完全被甲醇所萃取。

记录滴定管初始读数，用卡尔·费休试剂滴定至终点，记录终点时滴定管读数。

样品中的水分用下式计算：

$$x = \frac{TV}{10m}$$

式中　x——样品中的水分含量，mg/100mg；

T——卡尔·费休试剂对水的滴定度，mg/mL；

V——滴定样品时消耗卡尔·费休试剂体积，mL；

m——样品的质量，g。

2. 采用 ZKF-1 型自动水分测定仪进行测定

（1）仪器准备

① 按仪器说明书进行干燥剂的装填。在所有的干燥管内装入干燥剂（硅胶或分子筛），装干燥剂时注意不要让橡皮圈脱落，拧瓶接头时密封圈切勿掉下，若瓶口处破损或有毛刺要及时更换，以免黑色密封圈被割断。

② 按仪器说明书进行管路连接。使卡尔·费休试剂瓶橘黄套管碰到接头，试剂瓶管子触及底部，废液瓶在反应时反应杯内的管子在液面以上，排液时应插入液面以下。电极接头插入主机后的电极插孔内。

③ 按仪器说明书安装仪器，熟悉仪器按键的作用。

按"电源"开关，仪器处于通电或断电状态。

按"溶剂"键，溶剂自动吸入反应杯。

按"排液"键，反应杯中的废液自动排出，进入废液瓶。

按"搅拌"键，反应杯中的搅拌子处于"搅拌"或"停止"状态。若处于"搅拌"状态，可通过旋钮实现无级调速。

按"准备"键，平面阀自动切换至"准备"位置。卡氏试剂便会自动吸入计量管，为下一步测定做准备。

按"回液"键，计量管中的卡氏试剂会自动回入试剂瓶，使试剂得以均匀和平衡，以保证测定的精度。若在初始阶段，按"回液"键，能起到排除空气的作用，确保测试精度。

按"测定"键，平面阀自动切换至"测定"位置，仪器自动滴定，并由一般量滴定→中微量滴定→小微量滴定，在滴定过程中自动切换，直至反应终点，自动停止滴定，并自动报警，红灯显示，数显显示试剂的容量值。

按"复位"键，可中止"准备""回液""测定"中的动作，为功能改变起转换作用。

(2) 卡尔·费休试剂的标定 打开"电源"开关，按"溶剂"键，使溶剂自动吸入反应杯。按"搅拌"键，使反应杯中的搅拌子处于"搅拌"状态。按"准备"键，使卡氏试剂自动吸入计量管。按"测定"键，平面阀自动切换至"测定"位置，仪器便自动滴定，至反应终点，自动停止滴定，记录数显值 V_1。

打开反应杯橡胶盖，注入 $10\mu L$ 水（10mg），按"复位"键，再按测定键，滴定结束后，记录数显值 V_2。

按下式计算卡尔·费休试剂对水的滴定度：

$$T = \frac{m_1}{V_2 - V_1}$$

式中　T——卡尔·费休试剂对水的滴定度，mg/mL；

$\quad\quad m_1$——加入水的质量，mg；

$\quad\quad V_1$——溶剂空白值，mL；

$\quad\quad V_2$——加入的水消耗卡尔·费休试剂的体积，mL。

(3) 样品测定 按"搅拌"键，使反应杯中的搅拌子处于"搅拌"状态。按"准备"键，使卡氏试剂自动吸入计量管。按"测定"键，平面阀自动切换至"测定"位置，仪器便自动滴定，至反应终点，自动停止滴定，记录数显值 V_1。

打开反应杯橡胶盖，加入准确称量的试样（控制其中含水量不超过 20mg 为宜）。按"复位"键，再按"测定"键，滴定结束后，记录数显值 V_2。

按下式计算样品中水分的含量：

$$w(\mathrm{H_2O}) = \frac{T(V_2 - V_1) \times 10^{-3}}{m} \times 100\%$$

式中　$w(\mathrm{H_2O})$——样品中水分的质量分数，%；

$\quad\quad T$——卡尔·费休试剂对水的滴定度，mg/mL；

$\quad\quad m$——试样的质量，g；

$\quad\quad V_1$——溶剂空白值，mL；

V_2——消耗卡尔·费休试剂的体积，mL。

（4）结束工作　测定工作结束后，将反应杯上的废液管插入底部，按"排液"键，排液结束将管子拨高，在反应杯中注入溶剂，浸没滴定头堵塞。按"回液"键，计量管活塞退至中间位置，关闭搅拌开关，关闭电源。

> **📝 注意事项**
>
> （1）卡尔·费休试剂具有腐蚀性，操作时应加以注意，避免其洒在仪器上造成腐蚀。
>
> （2）卡尔·费休试剂对人体有害，在使用中应避免与皮肤接触，特别是在更换试剂瓶或废液瓶时，应做充分准备，尽快将瓶接头与新的试剂瓶或废液瓶连接，并戴防护手套。
>
> （3）卡尔·费休废液要排入固定密封瓶中，按有害废物处理，不可敞口放置或排入下水道。
>
> （4）卡尔费休试剂是高度可燃溶液，在使用场所严禁火种。

五、数据记录与处理

1. 卡尔·费休试剂的标定

序号	1	2	3
加入水的质量/mg			
溶剂空白值/mL			
加入水消耗卡尔·费休试剂的体积/mL			
卡尔·费休试剂对水的滴定度/(mg/mL)			
卡尔·费休试剂对水的滴定度平均值/(mg/mL)			
相对平均偏差			

2. 样品测定

序号	1	2	3
试样的质量/g			
溶剂空白值/mL			
消耗卡尔·费休试剂的体积/mL			
样品中水分的质量分数/%			
样品中水分的质量分数平均值/%			

六、思考题

1. 卡尔·费休试剂的组成是什么？

2. 在使用卡尔·费休试剂过程中应注意什么？

磷肥中有效磷含量的测定
（磷钼酸喹啉重量法）

一、实验目的

掌握磷钼酸喹啉重量法测定磷肥中有效磷含量的原理和操作方法。

二、方法原理

用水、碱性柠檬酸铵溶液提取过磷酸钙中的有效磷，提取液中正磷酸根离子在硝酸介质中与钼酸盐、喹啉作用生成黄色的磷钼酸喹啉沉淀，根据沉淀的质量计算有效磷含量，反应式为：

$$H_3PO_4 + 12MoO_4^{2-} + 3C_9H_7N + 24H^+ \rule[0.5ex]{1.5em}{0.4pt}\rule[0.5ex]{1.5em}{0.4pt} (C_9H_7N)_3H_3(PO_4 \cdot 12MoO_3) \cdot H_2O \downarrow + 11H_2O$$

三、试剂、试样与仪器

1. 试剂

（1）硝酸（HNO_3，65％～68％，1.39～1.41g/mL）；硝酸溶液（1+1）。

（2）钼酸钠（$Na_2MoO_4 \cdot 2H_2O$）。

（3）柠檬酸（$C_6H_8O_7$）。

（4）喹啉（C_9H_7N）。

（5）丙酮（CH_3COCH_3）。

（7）氨水（2+3）。

（8）喹钼柠酮试剂 溶解70g二水合钼酸钠于150mL水中（溶液A），溶解60g柠檬酸于150mL水和85mL硝酸的混合液中（溶液B），在搅拌下，将溶液A加入到溶液B中（溶液C），溶解5mL喹啉于35mL硝酸和100mL水的混合液中（溶液D）。将溶液D缓慢注入溶液C中并混匀。在聚乙烯瓶中于暗处放置24h，用玻璃砂芯漏斗过滤。量取280mL丙酮注入滤液中，加水稀释至1000mL，混匀，贮存于另一洁净的聚乙烯瓶中。此溶液避光下保存不超过一周。

（9）碱性柠檬酸铵溶液 称取173g柠檬酸，溶于200mL水中，加入500mL氨水（2+3），稀释至1L。

2. 试样

市售磷肥。

3. 仪器

（1）电子分析天平。

（2）恒温水浴锅。

（3）恒温干燥箱。

（4）循环水真空泵。

（5）4号玻璃砂芯漏斗。

序　号	1	2	3
滴定管初读数/mL			
滴定管终读数/mL			
消耗氢氧化钠溶液的体积/mL			
氢氧化钠标准溶液的浓度/(mol/L)			
氢氧化钠标准溶液的浓度平均值/(mol/L)			
相对平均偏差			

2. 0.25mol/L 盐酸标准溶液的标定

序　号	1	2	3
0.5mol/L 氢氧化钠溶液的体积/mL			
滴定管初读数/mL			
滴定管终读数/mL			
消耗盐酸标准溶液的体积/mL			
盐酸标准溶液的浓度/(mol/L)			
盐酸标准溶液的浓度平均值/(mol/L)			
相对平均偏差			

3. 试样测定

序　号	1	2	3
试样的质量/g			
吸取试液(溶液 A+溶液 B)的总体积/mL			
消耗氢氧化钠标准溶液的体积/mL			
空白消耗氢氧化钠标准溶液的体积/mL			
消耗盐酸标准溶液的体积/mL			
空白消耗盐酸标准溶液的体积/mL			
有效磷(P_2O_5)的质量分数/%			
有效磷(P_2O_5)的质量分数平均值/%			

六、思考题

1. 用邻苯二甲酸氢钾基准试剂标定 0.5mol/L 氢氧化钠溶液，应称取邻苯二甲酸氢钾的质量范围是多少？

2. 磷钼酸喹啉容量法测定磷肥中有效磷含量时，如何进行空白实验？

实验四

复混肥中水溶性磷和有效磷含量的测定
（磷钼酸喹啉重量法）

一、实验目的

掌握磷钼酸喹啉重量法测定复混肥中水溶性磷和有效磷含量的原理和操作方法。

二、方法原理

用水和 EDTA 溶液提取复混肥中水溶性磷和有效磷，提取液中正磷酸根离子在酸性介质中与喹钼柠酮试剂作用生成黄色的磷钼酸喹啉沉淀，根据沉淀的质量计算样品中水溶性磷和有效磷含量，反应式为：

$$H_3PO_4 + 12MoO_4^{2-} + 3C_9H_7N + 24H^+ === (C_9H_7N)_3H_3(PO_4 \cdot 12MoO_3) \cdot H_2O\downarrow + 11H_2O$$

三、试剂、试样与仪器

1. 试剂

（1）硝酸（1+1）。

（2）钼酸钠（$Na_2MoO_4 \cdot 2H_2O$）。

（3）柠檬酸（$C_6H_8O_7$）。

（4）喹啉（C_9H_7N）。

（5）丙酮（CH_3COCH_3）。

（6）EDTA 溶液（37.5g/L）。

（7）喹钼柠酮试剂　溶解 70g 二水合钼酸钠于 150mL 水中（溶液 A），溶解 60g 柠檬酸于 150mL 水和 85mL 硝酸的混合液中（溶液 B），在搅拌下，将溶液 A 加入到溶液 B 中（溶液 C），溶解 5mL 喹啉于 35mL 硝酸和 100mL 水的混合液中（溶液 D）。将溶液 D 缓慢注入溶液 C 中并混匀，在聚乙烯瓶中于暗处放置 24h。用玻璃砂芯漏斗过滤，量取 280mL 丙酮注入滤液中，加水稀释至 1000mL，混匀，贮存于另一洁净的聚乙烯瓶中。此溶液在避光下保存不超过一周。

2. 试样

市售复混肥。

3. 仪器

（1）电子分析天平。

（2）恒温水浴振荡器。

（3）恒温干燥箱。

（4）循环水真空泵。

（5）玻璃砂芯漏斗。

四、实验内容与步骤

1. 水溶性磷的测定

称取适量试样（使其中含 P_2O_5 100～200mg，精确至 0.0001g），置于 75mL 蒸发皿中，加 25mL 水研磨，将上层清液倾注过滤于预先加入 5mL 硝酸溶液（1+1）的 250mL 容量瓶中。继续用水研磨三次（每次用 25mL 水），然后将水不溶物转移到滤纸上，并用水洗涤水不溶物至容量瓶中溶液体积约为 200mL，用水稀释至刻度，混匀后得到的溶液为 A，用于测定水溶性磷。

用移液管移取 25.00mL 溶液 A 于 250mL 烧杯中，加入 10mL 硝酸溶液，用水稀释至 100mL，在电热板上加热至沸，加入 35mL 喹钼柠酮试剂，盖上表面皿，再微沸 1min，或于近沸水浴中保温至沉淀分层，冷却至室温。

用预先在（180±2）℃恒温干燥箱内干燥至恒重的玻璃砂芯漏斗过滤，先将上层清液滤完，然后用倾泻法洗涤沉淀 1～2 次（每次约用水 25mL），将沉淀移入滤器中，再用水继续洗涤，所用水共约 125～150mL，将带有沉淀的滤器置于（180±2）℃恒温干燥箱内，待温度达到 180℃后干燥 45min，取出移入干燥器中，冷却至室温，称重。同时进行空白实验。

试样中水溶性磷（以 P_2O_5 计）的质量分数按下式计算：

$$w(P_2O_5) = \frac{(m_1-m_2)\times 0.03207}{m\times \frac{25}{250}}\times 100\%$$

式中　$w(P_2O_5)$——试样中水溶性磷（以 P_2O_5 计）的质量分数，%；

　　　　m_1——磷钼酸喹啉沉淀质量，g；

　　　　m_2——空白实验所得磷钼酸喹啉沉淀质量，g；

　　　　m——试样质量，g；

　　0.03207——磷钼酸喹啉质量换算为五氧化二磷质量的系数。

2. 有效磷的提取

称取适量试样（使其中含 P_2O_5 100～200mg，精确至 0.0001g），置于滤纸上，用滤纸包裹好试样，塞入另一个 250mL 容量瓶中。加入 150mL EDTA 溶液，盖上瓶塞，振荡到滤纸碎成纤维状态为止。将容量瓶置于（60±2）℃恒温水浴振荡器中保温振荡 1h。取出容量瓶，冷却至室温，用水稀释至刻度，混匀。干过滤，弃去最初几毫升滤液，所得滤液为溶液 B，用于测定有效磷。

准确吸取 25.00mL 溶液于 250mL 烧杯中，按测定水溶性磷的方法测定有效磷。

试样中的有效磷（以 P_2O_5 计）的质量分数按下式计算：

$$w(P_2O_5) = \frac{(m_1-m_2)\times 0.03207}{m\times \frac{25}{250}}\times 100\%$$

式中　$w(P_2O_5)$——试样中有效磷（以 P_2O_5 计）的质量分数，%；

　　　　m_1——磷钼酸喹啉沉淀质量，g；

　　　　m_2——空白实验所得磷钼酸喹啉沉淀质量，g；

　　　　m——试样质量，g；

0.03207——磷钼酸喹啉质量换算为五氧化二磷质量的系数。

注意事项

该方法适用于含磷的复混肥（包括掺混肥料）中水溶性磷和有效磷的测定，不适用于磷酸铵、磷酸二氢钾、硝酸磷肥等以化学方法合成的复合肥料。

五、数据记录与处理

1. 水溶性磷的测定

序　号	1	2	3
试样的质量/g			
吸取试液的体积/mL			
磷钼酸喹啉沉淀的质量/g			
空白实验所得磷钼酸喹啉沉淀的质量/g			
水溶性磷(P_2O_5)的质量分数/%			
水溶性磷(P_2O_5)的质量分数平均值/%			

2. 有效磷的测定

序　号	1	2	3
试样的质量/g			
吸取试液的体积/mL			
磷钼酸喹啉沉淀的质量/g			
空白实验所得磷钼酸喹啉沉淀的质量/g			
有效磷(P_2O_5)的质量分数/%			
有效磷(P_2O_5)的质量分数平均值/%			

六、思考题

1. 用邻苯二甲酸氢钾基准试剂标定 0.5mol/L 氢氧化钠溶液，应称取邻苯二甲酸氢钾的质量范围是多少？

2. 复混肥中有效磷的提取方法是什么？

3. 计算磷钼酸喹啉质量换算为五氧化二磷质量的系数。

📖 **注意事项**

（1）煤中矿物质在测定灰分的温度下燃烧时许多组分都发生了变化，如黏土、石膏等失去结晶水；碳酸盐受热分解放出 CO_2；FeO 被氧化成 Fe_2O_3；硫化铁等矿物被氧化成 SO_2 和 Fe_2O_3；在燃烧中生成的 SO_2 与碳酸钙分解生成的 CaO 和氧作用生成 $CaSO_4$。

（2）为了减少 SO_2 被 CaO 固定在灰中，应采取以下措施：

① 炉后装有 $25\sim30mm$ 的烟囱，以保证炉内通风良好，使生成的 SO_2 能及时排出。

② 测定时炉门留 15mm 左右的缝隙，以保证有足够的空气通入。

③ 煤样在 100℃ 以下送入高温炉中，并在 30min 内缓慢升温至 500℃，并保温 30min，使煤样燃烧时产生的二氧化硫在碳酸盐（主要是碳酸钙）分解前（碳酸钙在 500℃ 以上才开始分解）能全部逸出。

④ 煤样在灰皿中厚度小于 $0.15g/cm^2$。

（3）从 100℃ 升温到 500℃ 的时间控制为 30min，以使煤样在炉内缓慢灰化，防止爆燃，否则部分挥发性物质急速逸出将矿物质带走会使测定结果偏低。

（4）最终灼烧温度之所以定为 (815 ± 10)℃，是因为在此温度下，煤中碳酸盐分解结束而硫酸盐尚未分解。一般纯硫酸盐在 1150℃ 以上才开始分解，但如与硅、铁共存，则 850℃ 即开始分解。

（5）当灰分低于 15% 时，不必进行检查性灼烧。

五、数据记录与处理

项　目	1	2	3
试样的质量/g			
煤样灼烧后残留物的质量/g			
空气干燥基煤样灰分的质量分数/%			
空气干燥基煤样灰分的质量分数平均值/%			

六、思考题

1. 缓慢灰化法测定煤中灰分，"缓慢灰化"具体是指什么？

2. 测定煤中灰分含量等于煤中的矿物质含量，这种说法正确吗？为什么？

实验三

煤的挥发分的测定

一、实验目的

掌握煤的挥发分测定的原理和方法。

二、方法原理

煤在规定条件下隔绝空气加热进行水分校正后的质量损失即为挥发分。去掉挥发分后的残渣叫焦渣。挥发分不是煤中原来固有的挥发性物质，而是煤在严格规定条件下加热时的热分解产物，因此煤中挥发分应称为挥发分产率。

煤在隔绝空气下加热，当温度低于100℃时煤中吸附的气体和部分水逸出，低于110℃游离水逸尽；当温度达到200℃时化合水逸出；当温度升至250℃时，第一次热解开始，有气体逸出；当温度超过350℃时，有焦油产生，550～600℃焦油逸尽；当温度超过600℃时，第二次热解开始，气体再度逸出，气体冷凝后得高温焦，900～1000℃分解停止，残留物为焦炭。

煤的挥发分主要是由水分、碳氢氧化物和碳氢化合物（CH_4为主）组成，但物理吸附水（包括外在水和内在水）和矿物质生成的二氧化碳不属挥发分范围。

三、试样与仪器

1. 试样

市售煤样。

2. 仪器

（1）电子分析天平。

（2）马弗炉　带有高温计和调温装置，能保持温度在（900±10）℃，并有足够的恒温区。炉子的热容量为当起始温度为920℃时，放入室温下的坩埚架和若干坩埚，关闭炉门后，能在3min内恢复到（900±10）℃。炉后壁有一排气孔和一个插热电偶的小孔。小孔位置应使热电偶插入炉内后其热接点在坩埚底和炉底之间，距炉底20～30mm处。

（3）挥发分坩埚　带有配合严密的盖的瓷坩埚，形状和尺寸如图5-2所示。坩埚总质量为15～20g。

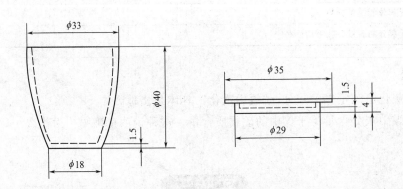

图 5-2　挥发分坩埚示意图（单位：mm）

（4）坩埚架

用镍铬丝或其他耐热金属丝制成。其规格尺寸以能使所有的坩埚都在马弗炉恒温区内，并且坩埚底部位于热电偶热接点上方并距炉底20～30mm，如图5-3所示。

（5）压饼机　螺旋式或杠杆式压饼机，能压制直径约10mm的煤饼。

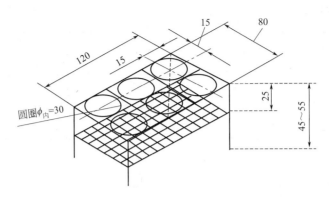

图 5-3　坩埚架示意图（单位：mm）

四、实验内容与步骤

用预先在 900℃ 温度下灼烧至质量恒定的带盖瓷坩埚，称取粒度为 0.2mm 以下的空气干燥煤样（1±0.01）g（精确至 0.0001g），然后轻轻振动坩埚，使煤样摊平，盖上盖，放在坩埚架上。

将马弗炉预先加热至 920℃ 左右。打开炉门，迅速将放有坩埚的架子送入恒温区内并关上炉门，准确加热 7min。从炉中取出坩埚，放在空气中冷却 5min 左右，移入干燥器中冷却至室温（约 20min）后称量。

空气干燥基煤样的挥发分按下式计算：

$$V_{ad} = \frac{m_1}{m} \times 100 - M_{ad}$$

式中　V_{ad}——空气干燥基煤样挥发分的质量分数，%；

　　　m_1——煤样加热后减少的质量，g；

　　　m——煤样的质量，g；

　　　M_{ad}——空气干燥基煤样水分的质量分数，%；

📝 **注意事项**

（1）坩埚及架子刚放入后，炉温会有所下降，但必须在 3min 内使炉温恢复至（900±10）℃，否则此试验作废。加热时间包括温度恢复时间在内。

（2）因为挥发分测定是一个规范性很强的试验项目，所以必须严格控制试验条件，尤其是加热温度和加热时间。测定温度应严格控制在（900±10）℃，总加热时间（包括温度恢复时间）要严格控制在 7min，用秒表计时。

（3）坩埚从马弗炉取出后，在空气中冷却时间不宜过长，以防焦渣吸水。坩埚在称量前不能开盖。

（4）褐煤、长焰煤的水分和挥发分很高，如以松散状态放入 900℃ 炉中加热，则挥发分会骤然大量释放，把坩埚盖顶开并带走碳粒，使结果偏高，而且重复性差。因此应将煤样压成饼，切成 3mm 小块后，使试样紧密可减缓挥发分的释放速度，因而可有效地防止煤样爆燃、喷溅，使测定结果可靠。

五、数据记录与处理

项　　目	1	2	3
试样的质量/g			
煤样加热后减少的质量/g			
空气干燥基煤样挥发分的质量分数/%			
空气干燥基煤样挥发分的质量分数平均值/%			

六、思考题

1. 煤中的挥发分包括水分吗？

2. 煤的挥发分越高，其热值也越高，这种说法正确吗？

实验四

煤中全硫的测定
（艾士卡法）

一、实验目的

掌握艾士卡法测定煤中硫含量的原理和方法。

二、方法原理

将煤与艾士卡试剂混合灼烧，煤中硫生成硫酸盐，然后使硫酸根离子生成硫酸钡沉淀，根据硫酸钡的质量计算煤中硫的含量。

三、试剂、试样与仪器

1. 试剂

(1) 盐酸溶液（1+1）。

(2) 氯化钡溶液（100g/L）。

(3) 甲基橙溶液（20g/L）。

(4) 硝酸银溶液（10g/L）。

(5) 艾士卡试剂　以2份质量的化学纯轻质氧化镁与1份质量的化学纯无水碳酸钠混匀并研细至粒度小于0.2mm后，保存在密闭容器中。

2. 试样

市售煤样。

3. 仪器

(1) 电子分析天平。

(2) 马弗炉　附测温和控温仪表，能升温到900℃，温度可调并可通风。

(3) 瓷坩埚　容量30mL和10～20mL两种。

四、实验内容与步骤

在 30mL 坩埚内称取粒度小于 0.2mm 的空气干燥煤样 1g（精确至 0.0001g）和艾氏卡剂 2.0g 仔细混合均匀，再用 1.0g 艾氏卡剂覆盖。

> **注意**
>
> 若全硫含量超过 8%，应称取 0.5g 试样。

将装有煤样的坩埚移入通风良好的马弗炉中，在 1～2h 内从室温逐渐加热到 800～850℃，并在该温度下保持 1～2h。将坩埚从炉中取出，冷却到室温。用玻璃棒将坩埚中的灼烧物仔细搅松捣碎（如发现有未烧尽的煤粒，应在 800～850℃ 下继续灼烧 0.5h），然后转移到 400mL 烧杯中。用热水冲洗坩埚内壁，将洗液收入烧杯，再加入 100～150mL 刚煮沸的水，充分搅拌。如果此时尚有黑色煤粒漂浮在液面上，则本次测定作废。

用中速定性滤纸以倾泻法过滤，用热水冲洗 3 次，然后将残渣移入滤纸中，用热水仔细清洗至少 10 次，洗液总体积约为 250～300mL。向滤液中滴入 2～3 滴甲基橙指示剂，加盐酸中和后再加入 2mL，使溶液呈微酸性。将溶液加热到沸腾，在不断搅拌下滴加氯化钡溶液 10mL，在近沸状况下保持约 2h，最后溶液体积为 200mL 左右。

将溶液冷却或静置过夜后用慢速定量滤纸过滤，并用热水洗至无氯离子为止（用硝酸银检验）。将带沉淀的滤纸移入已知质量的瓷坩埚中，先在低温下灰化滤纸，然后在温度为 800～850℃ 的马弗炉内灼烧 20～40min，取出坩埚，在空气中稍加冷却后放入干燥器中冷却到室温（约 25～30min），称量。同时进行空白实验。

样品中硫的质量分数按下式计算：

$$S_{t,ad} = \frac{(m_1 - m_2) \times 0.1374}{m} \times 100\%$$

式中　$S_{t,ad}$——空气干燥基煤样中全硫的质量分数，%；

　　　　m_1——硫酸钡的质量，g；

　　　　m_2——空白实验硫酸钡的质量，g；

　　0.1374——由硫酸钡换算为硫的系数；

　　　　m——煤样的质量，g。

> **注意事项**
>
> 每配制一批艾氏卡试剂或更换其他任一试剂时，应进行两个以上空白实验，硫酸钡质量的极差不得大于 0.0010g，取算术平均值作为空白值。

五、数据记录与处理

项　　目	1	2	3
试样的质量/g			
硫酸钡的质量/g			
空白实验硫酸钡的质量/g			
空气干燥基煤样全硫的质量分数/%			
空气干燥基煤样全硫的质量分数平均值/%			

六、思考题

1. 艾士卡试剂的组成是什么？
2. 过滤硫酸钡沉淀时用何种滤纸？
3. 计算硫酸钡换算为硫的系数。

实验五

煤中全硫的测定
（库仑滴定法）

一、实验目的

掌握库仑滴定法测定煤中全硫含量的原理和方法，掌握定硫仪的基本操作。

二、方法原理

煤样在催化剂作用下，于空气流中燃烧分解，煤中硫生成二氧化硫并被碘化钾溶液吸收，以电解碘化钾溶液所产生的碘进行滴定，根据电解所消耗的电量计算煤中全硫的含量。

三、试剂、试样与仪器

1. 试剂

（1）三氧化钨（WO_3，分析纯）。

（2）氢氧化钠（$NaOH$，分析纯）。

（3）变色硅胶（工业品）。

（4）电解液　碘化钾、溴化钾各 5g，冰乙酸 10mL，溶于 250～300mL 水中。

2. 试样

市售煤样。

3. 仪器

（1）燃烧舟　长 70～77mm，素瓷或刚玉制品，耐温 1200℃以上。

（2）库仑测硫仪　由下列各部分构成。

① 管式高温炉　能加热到 1200℃以上并有 90mm 以上长的高温带（1150±5）℃，附有铂铑-铂热电偶测温及控温装置，炉内装有耐温 1300℃以上的异径燃烧管。

② 电解池和电磁搅拌器　电解池高 120～180mm，容量不少于 400mL，内有面积约 150mm² 的铂电解电极对和面积约 15mm² 的铂指示电极对。指示电极响应时间应小于 1s，电磁搅拌器转速约 500r/min 且连续可调。

③ 库仑积分器　电解电流 0～350mA 范围内积分线性误差应小于±0.1%。

④ 送样程序控制器　可按指定的程序前进、后退。

⑤ 空气供应及净化装置　由电磁泵和净化管组成。供气量约 1500mL/min，抽气量约 1000mL/min，净化管内装氢氧化钠及变色硅胶。

四、实验内容与步骤

1. 仪器准备

将管式高温炉升温至1150℃，用另一组铂铑-铂热电偶高温计测定燃烧管中高温带的位置、长度及500℃的位置。

调节送样程序控制器，使煤样预分解及高温分解的位置分别处于500℃和1150℃处。在燃烧管出口处充填洗净、干燥的玻璃纤维棉；在距出口端约80～100mm处，充填厚度约3mm的硅酸铝棉。

将程序控制器、管式高温炉、库仑积分器、电解池、电磁搅拌器和空气供应及净化装置组装在一起。燃烧管、活塞及电解池之间连接时应口对口紧接，并用硅橡胶管封住。

开动抽气和供气泵，将抽气流量调节到1000mL/min，然后关闭电解池与燃烧管间的活塞，如抽气量降到500mL/min以下，证明仪器各部件及各接口气密性良好，否则需检查各部件及其接口。

将管式高温炉升温并控制在（1150±5）℃。开动供气泵和抽气泵并将抽气流量调节到1000mL/min。在抽气下，将250～300mL电解液加入电解池内，开动电磁搅拌器。

在瓷舟中放入少量非测定用的煤样，进行终点电位调整试验。如试验结束后库仑积分器的显示值为0，应再次测定，直至显示值不为0。

2. 试样测定

在瓷舟中称取粒度小于0.2mm的空气干燥煤样0.05g（精确至0.0001g），在煤样上盖一薄层三氧化钨。将舟置于送样的石英托盘上，开启送样程序控制器，煤样即自动送进炉内，库仑滴定随即开始。试验结束后，库仑积分器显示出硫的质量分数。

若库仑积分器最终显示数为硫质量（mg）时，则全硫质量分数按下式计算：

$$S_{t,ad} = \frac{m_1}{m} \times 100\%$$

式中　$S_{t,ad}$——空气干燥基煤样中全硫的质量分数，%；

　　　m_1——库仑积分器显示值，mg；

　　　m——煤样的质量，mg。

五、数据记录与处理

项　　目	1	2	3
煤样的质量/mg			
空气干燥基煤样中全硫的质量分数/%			
空气干燥基煤样全硫的质量分数平均值/%			

六、思考题

1. 在煤样上盖一薄层三氧化钨的目的是什么？

2. 电解碘化钾溶液所产生的碘滴定反应生成的二氧化硫，根据电解所消耗的电量计算煤中全硫的含量，试列出计算过程。

实验一
发烟硫酸中游离三氧化硫的测定
（酸碱滴定法）

一、实验目的

掌握发烟硫酸中游离三氧化硫含量测定的原理和方法。

二、方法原理

将样品溶于水后，以甲基红-亚甲基蓝为指示剂，用氢氧化钠标准溶液滴定，求出硫酸的总量。然后通过计算求出发烟硫酸中游离的三氧化硫（SO_3）的质量分数。反应式如下：

$$SO_3 + H_2O = H_2SO_4$$

$$H_2SO_4 + 2NaOH = Na_2SO_4 + 2H_2O$$

三、试剂、试样与仪器

1. 试剂

（1）邻苯二甲酸氢钾（$KHC_8H_4O_4$，基准试剂）。

（2）氢氧化钠标准溶液（0.2mol/L）。

（3）甲基红-亚甲基蓝混合指示液　将 50mL 甲基红溶液（2g/L）与 50mL 亚甲基蓝溶液（1g/L）混合。

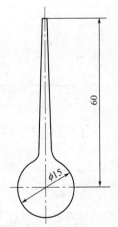

图 6-1　安瓿球示意图

（单位：mm）

2. 试样

发烟硫酸。

3. 仪器

（1）电子分析天平。

（2）安瓿球（如图 6-1 所示）。

四、实验内容与步骤

1. 0.2mol/L 氢氧化钠标准溶液的配制和标定

用邻苯二甲酸氢钾基准试剂进行标定。

2. 样品测定

称量安瓿球的质量（精确至 0.0001g），然后在微火上烤热球部，迅速将安瓿球的毛细管插入试样中，吸入约 0.5mL 试样，用火焰将毛细管顶端烧结封闭，擦干毛细管外壁所沾上的酸，再准确称量。

将已称好的安瓿球放入盛有 100mL 水的具磨口塞的 500mL 锥形瓶中，塞紧瓶塞，用力振摇使安瓿球破碎，继续振摇直至雾状三氧化硫气体消失。打开瓶塞，用玻璃棒轻轻压碎安瓿球的毛细管，用水冲洗瓶塞、瓶颈及玻璃棒。

在实验溶液中滴加 2～3 滴甲基红-亚甲基蓝指示液，用氢氧化钠标准溶液（0.2mol/L）滴定至溶液呈灰绿色为终点。

发烟硫酸中，游离三氧化硫的质量分数为 $w(SO_3)$，于是：

$$\frac{w(SO_3)m}{M(SO_3)} + \frac{w(H_2SO_4)m}{M(H_2SO_4)} = \frac{1}{2}cV$$

若不考虑其他杂质，则有：

$$w(SO_3) + w(H_2SO_4) = 1$$

发烟硫酸中三氧化硫（SO_3）的质量分数用下式计算：

$$w(SO_3) = \frac{1}{2m} \times \frac{cVM(H_2SO_4)M(SO_3) \times 10^{-3} - M(SO_3)}{M(H_2SO_4) - M(SO_3)} \times 100\%$$

式中 $w(SO_3)$——发烟硫酸中三氧化硫（SO_3）的质量分数，%；

       c——氢氧化钠标准溶液的浓度，mol/L；

       V——消耗氢氧化钠标准溶液的体积，mL；

       $M(SO_3)$——SO_3 的摩尔质量，80.07g/mol；

       $M(H_2SO_4)$——H_2SO_4 的摩尔质量，98.07g/mol；

       m——试样的质量，g。

五、数据记录与处理

1. 氢氧化钠标准溶液的标定

序 号	1	2	3
邻苯二甲酸氢钾的质量/g			
滴定管初读数/mL			
滴定管终读数/mL			
消耗氢氧化钠标准溶液的体积/mL			
氢氧化钠标准溶液的浓度/(mol/L)			
氢氧化钠标准溶液的浓度平均值/(mol/L)			
相对平均偏差			

2. 样品的标定

序 号	1	2	3
（试样＋安瓿球）的质量/g			
安瓿球的质量/g			
试样的质量/g			
滴定管初读数/mL			
滴定管终读数/mL			

续表

序　　　号	1	2	3
消耗氢氧化钠标准溶液的体积/mL			
发烟硫酸中 SO_3 的质量分数/%			
发烟硫酸中 SO_3 的质量分数平均值/%			

六、思考题

1. 称量发烟硫酸时为什么要用安瓿球？

2. 滴定样品时采用甲基红-亚甲基蓝为指示剂，标定氢氧化钠标准溶液最好采用何种指示剂？

工业碳酸钠总碱量的测定
（酸碱滴定法）

一、实验目的

掌握工业碳酸钠总碱量测定的原理和方法。

二、方法原理

以溴甲酚绿-甲基红混合液为指示剂，用盐酸标准溶液滴定至溶液由绿色变为暗红色为终点。根据滴定所消耗盐酸标准溶液的量求得工业碳酸钠中的总碱量。反应方程式为：

$$2HCl + Na_2CO_3 === 2NaCl + CO_2\uparrow + H_2O$$

三、试剂、试样与仪器

1. 试剂

（1）盐酸标准溶液（0.5mol/L）。

（2）碳酸钠（Na_2CO_3，基准试剂）。

（3）溴甲酚绿-甲基红混合指示液　将溴甲酚绿乙醇溶液（1g/L）与甲基红乙醇溶液（2g/L）按 3∶1 体积比混合，摇匀。

2. 试样

市售工业碳酸钠样品。

3. 仪器

（1）电子分析天平。

（2）滴定分析常用玻璃仪器。

四、实验内容与步骤

1. 0.5mol/L 盐酸标准溶液的配制与标定

用碳酸钠基准试剂进行标定。

2. 样品测定

称取试样 1.7g（精确至 0.0001g），置于 250mL 锥形瓶中，用 50mL 蒸馏水溶解，加入 10 滴溴甲酚绿-甲基红混合指示液，用 0.5mol/L 盐酸标准溶液滴定至溶液刚刚变色时，煮沸 2min，冷却后继续滴定至溶液呈暗红色为终点。同时做空白实验。

试样中的总碱量的质量分数（以 Na_2CO_3 计）可按下式计算：

$$w(Na_2CO_3) = \frac{c(V-V_0)M(Na_2CO_3) \times 10^{-3}}{2m} \times 100\%$$

式中　$w(Na_2CO_3)$——试样中碳酸钠的质量分数，%；

　　　　　c——盐酸标准溶液的物质的量浓度，mol/L；

　　　　　V——滴定试样消耗盐酸标准溶液的体积，mL；

　　　　　V_0——空白实验消耗盐酸标准溶液的体积，mL；

　　　　　m——试样的质量，g；

　　$M(Na_2CO_3)$——碳酸钠的摩尔质量，105.99g/mol。

📝 注意事项

（1）溴甲酚绿-甲基红混合指示液是一种常用的混合指示剂，其变色点在 pH 5.1，颜色为灰色，其酸式色为酒红色，碱式色为绿色，变色范围很窄，方法误差小。

（2）若测定结果以干基计，则称量的样品必须在 250～270℃ 的温度下烘干至恒重，否则测定的结果以湿基计。

（3）滴定至近终点时须煮沸溶液后再继续滴定，否则会影响测定结果。

五、数据记录与处理

1. 盐酸标准溶液的标定

序　号	1	2	3
碳酸钠的质量/g			
滴定管初读数/mL			
滴定管终读数/mL			
消耗盐酸标准溶液的体积/mL			
盐酸标准溶液的浓度/(mol/L)			
盐酸标准溶液的浓度平均值/(mol/L)			
相对平均偏差			

2. 样品的测定

序　号	1	2	3
试样的质量/g			
滴定管初读数/mL			
滴定管终读数/mL			
消耗盐酸标准溶液的体积/mL			
总碱量（以 Na_2CO_3 计）的质量分数/%			
总碱量（以 Na_2CO_3 计）的质量分数平均值/%			

实验三

工业乙醇中醛含量的测定
（碘量法）

一、实验目的

掌握碘量法测定醛含量的原理和方法。

二、方法原理

在酸性溶液中，醛与过量的亚硫酸氢钠反应生成羟基乙基磺酸钠。反应式为：

$$CH_3CHO + NaHSO_3 \Longrightarrow CH_3CH(OH)SO_3Na$$

剩余的亚硫酸氢钠以碘滴定法除去。

$$NaHSO_3 + I_2 + H_2O \Longrightarrow NaHSO_4 + 2HI$$

在弱碱性溶液中，羟基乙基磺酸钠与碳酸氢钠作用，生成亚硫酸钠。

$$CH_3CH(OH)SO_3Na + NaHCO_3 \Longrightarrow Na_2SO_3 + CH_3CHO + CO_2 + H_2O$$

用碘标准溶液滴定亚硫酸钠，即可计算醛的含量。

$$Na_2SO_3 + I_2 + H_2O \Longrightarrow Na_2SO_4 + 2HI$$

三、试剂、试样与仪器

1. 试剂

(1) 盐酸 (1+1)。

(2) 重铬酸钾 ($K_2Cr_2O_7$，基准试剂)。

(3) 碘酸钾 (KIO_3，基准试剂)

(4) 碘化钾 (KI，分析纯)。

(5) 硫代硫酸钠溶液 (0.1mol/L)。

(6) 亚硫酸氢钠溶液 (1.2%)。

(7) 碳酸氢钠溶液 (1mol/L)。

(8) 碘标准溶液 (0.1mol/L)；碘标准溶液 (0.01mol/L)。

(9) 淀粉指示剂溶液 (0.5%)。

2. 试样

市售工业乙醇。

3. 仪器

电子分析天平。

四、实验内容与步骤

1. 0.1mol/L 硫代硫酸钠溶液标定

用重铬酸钾基准物进行标定或用碘酸钾基准试剂进行标定。

2. 0.01mol/L 碘标准溶液的标定

用 0.1mol/L 硫代硫酸钠标准溶液标定。

3. 试样测定

移取 15mL 工业乙醇试样，于 250mL 碘量瓶中，加 15mL 水，加 15mL 亚硫酸氢钠溶液（1.2%），7mL 盐酸（1+1），摇匀，静置 1h。

用 0.1mol/L 碘标准溶液滴定，接近终点时加入 1mL 淀粉溶液（0.5%），改用 0.01mol/L 碘标准溶液滴定至淡蓝色（体积不计）。

加入 20mL 碳酸氢钠溶液（1mol/L），微开瓶塞，振动 30s。用 0.01mol/L 碘标准溶液滴定至淡蓝色为终点。同时做空白实验。

工业乙醇中醛（以 CH_3CHO 计）的含量按下式计算：

$$\rho(CH_3CHO, mg/L) = \frac{c(V_1 - V_2)M(CH_3CHO)}{V} \times 10^3$$

式中　　　c——碘标准溶液的浓度，mol/L；

V_1——试样消耗碘标准溶液的体积，mL；

V_2——空白实验消耗碘标准溶液的体积，mL；

V——乙醇试样体积，mL；

$M(CH_3CHO)$——乙醛的摩尔质量，g/mol。

五、数据记录与处理

1. 0.1mol/L 硫代硫酸钠溶液的标定

序　号	1	2	3
重铬酸钾的质量/g			
滴定管初读数/mL			
滴定管终读数/mL			
消耗硫代硫酸钠溶液的体积/mL			
硫代硫酸钠溶液的浓度/(mol/L)			
硫代硫酸钠溶液的浓度平均值/(mol/L)			
相对平均偏差			

2. 0.01mol/L 碘溶液的标定

序　号	1	2	3
移取碘溶液的体积/mL			
滴定管初读数/mL			
滴定管终读数/mL			
消耗硫代硫酸钠溶液的体积/mL			
碘溶液的浓度/(mol/L)			
碘溶液的浓度平均值/(mol/L)			
相对平均偏差			

3. 样品的测定

序　号	1	2	3
试样的体积/g			
滴定管初读数/mL			
滴定管终读数/mL			
消耗碘标准溶液的体积/mL			
醛(以 CH_3CHO 计)的含量/(mg/L)			
醛(以 CH_3CHO 计)的含量平均值/(mg/L)			

六、思考题

1. 在加碳酸氢钠溶液之前，用 0.01mol/L 碘标准溶液滴定至淡蓝色，但消耗碘标准溶液的体积不计，为什么？

2. 若样品中含有酮，对醛含量的测定结果是否有影响？

实验四

工业乙醇中醛酮含量的测定
（羟胺肟化法）

一、实验目的

掌握羟胺肟化法测定醛含量的原理和方法。

二、方法原理

羟胺肟化法是测定醛和酮较普遍的方法，又分为直接滴定法和返滴定法。直接滴定法是使样品与盐酸羟胺进行缩合反应，用氢氧化钠标准溶液滴定生成的 HCl，从而计算出醛和酮的量。反应式如下：

$$RCHO + H_2NOH \cdot HCl \longrightarrow RCH = NOH + HCl + H_2O$$
$$NaOH + HCl = NaCl + H_2O$$

返滴定法是先加入过量的氢氧化钠标准溶液，NaOH 与盐酸羟胺反应，生成游离的羟胺，试样中的醛和酮与羟胺反应生成肟。反应完成后用盐酸标准溶液滴定剩余的 NaOH，并使未反应的羟胺生成盐酸羟胺。反应方程式如下：

$$H_2NOH \cdot HCl + NaOH \longrightarrow H_2NOH + NaCl + H_2O$$
$$RCHO + H_2NOH \longrightarrow RCH = NOH + H_2O$$
$$NaOH + HCl = NaCl + H_2O$$
$$H_2NOH + HCl = H_2NOH \cdot HCl$$

终点指示可使用溴酚蓝作指示剂指示法，但最好使用电位法确定滴定终点。

三、试剂、试样与仪器

1. 试剂

（1）碳酸钠（Na_2CO_3，基准试剂）。

（2）盐酸标准溶液（0.1mol/L）。

（3）氢氧化钠标准溶液（0.1mol/L）。

（4）盐酸羟胺（0.5mol/L）　35g盐酸羟胺用160mL水溶解，用乙醇（95％），稀释至1L。

（5）溴酚蓝指示液（0.5g/L）　称取溴酚蓝0.1g，加2.0mL氢氧化钠溶液（0.1mol/L）使溶解，再加水稀释至200mL。

2. 试样

市售工业乙醇。

3. 仪器

（1）电子分析天平；

（2）酸度计。

四、测定步骤

1. 0.1mol/L 盐酸标准滴定溶液的标定

用碳酸钠基准试剂进行标定。

2. 样品测定

移取25.00mL盐酸羟胺溶液（0.1mol/L）与25.00mL氢氧化钠溶液（0.1mol/L）于200mL烧杯中，称量5mL试样的质量（精确至0.0001g），室温静置30min。加2滴溴酚蓝指示剂，用盐酸标准溶液滴定。当滴定至溶液由深蓝色变为浅蓝色后，每滴定0.5mL记录一次pH；当滴定至溶液由浅蓝色变为黄绿色后，每滴定0.2mL记录一次pH；当滴定至溶液变为黄色后，再按每滴定0.2mL记录一次pH，记录5次后停止滴定。按完全相同的方法进行空白实验。

以V_{HCl}为横坐标，以$\Delta pH/\Delta V$为纵坐标绘制曲线，曲线峰尖所对应的V值即为终点的体积。

工业乙醇中醛（以CH_3CHO计）的含量按下式计算：

$$\rho(CH_3CHO, mg/L) = \frac{c(V_1 - V_2)M(CH_3CHO)}{V} \times 10^3$$

式中　　　c——盐酸标准溶液的浓度，mol/L；

V_1——空白实验消耗盐酸标准溶液的体积，mL；

V_2——试样消耗盐酸标准溶液的体积，mL；

V——试样的体积，mL；

$M(CH_3CHO)$——乙醛的摩尔质量，g/mol。

> **注意事项**
>
> （1）用指示剂指示终点时，需要在相同的光线和相同玻璃的容器中观察，并做空白实验。用电位滴定法确定终点较为准确。
>
> （2）一般羰基化合物在30min内即可以与羟胺反应完全，但有个别空间障碍较大的羰基化合物需要延长反应时间。
>
> （3）若不采用电位法指示终点，滴定至溶液由蓝色变为黄色为终点。

五、数据记录与处理

1. 0.1mol/L 盐酸溶液的标定

序　号	1	2	3
碳酸钠的质量/g			
滴定管初读数/mL			
滴定管终读数/mL			
消耗盐酸溶液的体积/mL			
盐酸溶液的浓度/(mol/L)			
盐酸溶液的浓度平均值/(mol/L)			
相对平均偏差			

2. 滴定终点的确定

V/mL	ΔV/mL	pH	ΔpH	ΔpH/ΔV

以 V 为横坐标，以 ΔpH/ΔV 为纵坐标绘制曲线，曲线峰尖所对应的 V 值即为终点的体积。

3. 样品的测定

序　号	1	2	3
试样的质量/g			
空白实验消耗盐酸标准溶液的体积/mL			
试样消耗盐酸标准溶液的体积/mL			
醛(以 CH_3CHO 计)的含量/(mg/L)			
醛(以 CH_3CHO 计)的含量平均值/(mg/L)			

六、思考题

1. 羟胺肟化法测定醛和酮，若不采用电位法指示终点，如何确定滴定终点？
2. 羟胺肟化法测定醛和酮，试比较直接滴定法和反滴定法的异同点。

第七章 | 食品分析

实验一

苹果中维生素C的测定
（2,4-二硝基苯肼分光光度法）

一、实验目的

掌握 2,4-二硝基苯肼分光光度法测定食品中总抗坏血酸的测定原理和方法。

二、方法原理

用活性炭将还原型抗坏血酸氧化为脱氢抗坏血酸，然后与 2,4-二硝基苯肼作用生成红色的脎（osazone），脎在浓硫酸脱水作用下可转变为橘红色的无水化合物，在硫酸溶液中显色稳定，在波长 500nm 处测定吸光度。

三、试剂、试样与仪器

1. 试剂

（1）盐酸溶液（1mol/L）。

（2）硫酸溶液（4.5mol/L）；硫酸溶液（9+1）。

（3）硫脲（H_2NCSNH_2）。

（4）硫脲溶液（20g/L）　溶解 10g 硫脲于 500mL 10g/L 草酸溶液中。

（5）2,4-二硝基苯肼溶液（20g/L）　溶解 2g 2,4-二硝基苯肼于硫酸溶液（4.5mol/L）中，过滤，于冰箱内保存。

（6）草酸溶液（10g/L）。

（7）草酸溶液（20g/L）。

（8）维生素 C 标准溶液（1.00mg/mL）　溶解 100mg 纯维生素 C 于 100mL 草酸溶液（10g/L）中。

（9）活性炭　将 100g 活性炭加到 750mL 盐酸（1mol/L）中，加热回流 1～2h，过滤，用水洗涤数次，直至滤液中无 Fe^{3+}，然后置于 110℃烘箱中烘干。

2. 试样

苹果或其他含维生素 C 的试样。

3. 主要仪器

（1）可见分光光度计。

（2）恒温箱。

实验二

婴幼儿食品和乳品中维生素 C 的测定
（荧光光度法）

一、实验目的

掌握荧光光度法测定食品中维生素 C（抗坏血酸）的原理和方法。

二、方法原理

维生素 C（抗坏血酸）在活性炭存在下氧化成脱氢抗坏血酸，它与邻苯二胺反应生成具有紫蓝色的荧光物质，在激发波长 350nm，发射波长 430nm 条件下，用荧光分光光度计测定其荧光强度，其荧光强度与维生素 C 的浓度成正比，以外标法定量。

三、试剂、试样与仪器

1. 试剂

（1）淀粉酶　酶活力 1.5U/mg，根据活力单位大小调整用量。

（2）偏磷酸-乙酸溶液（30g/L）　称取 15g 偏磷酸及 40mL 乙酸（36%）于 200mL 水中，溶解后稀释至 500mL 备用。

（3）偏磷酸-乙酸溶液（60g/L）　称取 15g 偏磷酸及 40mL 乙酸（36%）于 100mL 水中，溶解后稀释至 250mL 备用。

（4）乙酸钠溶液　用水溶解 500g 三水乙酸钠，并稀释至 1000mL。

（5）硼酸-乙酸钠溶液　称取 3.0g 硼酸，用乙酸钠溶液溶解并稀释至 100mL，临用前配制。

（6）邻苯二胺溶液（400mg/L）　称取 40mg 邻苯二胺，用水溶解并稀释至 100mL，临用前配制。

（7）维生素 C 标准贮备溶液（1.00mg/mL）　称取 0.050g 维生素 C 标准品，用偏磷酸-乙酸溶液（30g/L）溶解并定容至 50mL。

（8）维生素 C 标准工作液（100μg/mL）　准确吸取 10.00mL 维生素 C 标准贮备液用偏磷酸-乙酸溶液（30g/L）稀释并定容至 100mL，临用前配制。

（9）酸性活性炭　称取粉状活性炭（80~200 目，化学纯）约 200g，加入 1L 盐酸溶液（1+9），加热至沸腾，抽滤，取下结块于一个大烧杯中，用水清洗至滤液中无铁离子为止，在 110~120℃烘箱中干燥约 10h 后使用。

检验铁离子的方法（普鲁士蓝反应）：将 20g/L 亚铁氰化钾与盐酸溶液（1+99）等量混合，将上述洗出滤液滴入，如有铁离子则产生蓝色沉淀。

2. 试样

市售样品。

3. 仪器

（1）荧光分光光度计。

（2）电子分析天平。

（3）恒温干燥箱。

（4）培养箱（45±1）℃。

四、实验内容与步骤

1. 试样处理

（1）含淀粉的试样　称取约 5g（精确至 0.0001g）混合均匀的固体试样或约 20g（精确至 0.0001g），液体试样（含维生素 C 约 2mg）于 150mL 锥形瓶中，加入 0.1g 淀粉酶，固体试样加入 50mL 45～50℃的蒸馏水，液体试样加入 30mL 45～50℃的蒸馏水，混合均匀后，用氮气排除瓶中空气，盖上瓶塞，置于（45±1）℃培养箱内放置 30min，取出冷却至室温，转移至 100mL 容量瓶中，用偏磷酸-乙酸溶液（60g/L）定容至标线。

（2）不含淀粉的试样　称取混合均匀的固体试样约 5g（精确至 0.0001g），用偏磷酸-乙酸溶液（30g/L）溶解，定容至 100mL。或称取混合均匀的液体试样约 50g（精确至 0.0001g），用偏磷酸-乙酸溶液（60g/L）溶解，定容至 100mL。

2. 标准曲线的绘制

（1）标准溶液滤液　将维生素 C 标准溶液置于放有约 2g 酸性活性炭的 250mL 锥形瓶中，剧烈振动，过滤（弃去约 5mL 初滤液），即为标准溶液的滤液。

（2）标准液空白溶液　准确吸取 5.00mL 标准溶液的滤液于已放有 5.0mL 硼酸-乙酸钠溶液的 50mL 容量瓶中，静置 30min 后，用蒸馏水定容至标线。

（3）标准溶液　准确吸取 5.0mL 标准溶液的滤液于另外的已放有 5.0mL 乙酸钠溶液和约 15mL 水的 50mL 容量瓶中，用水稀释至刻度。

（4）标准溶液系列　准确吸取标准溶液 0.50mL、1.00mL、1.50mL 和 2.00mL，分别置于 10mL 试管中，再用水补充至 2.0mL。同时准确吸取标准溶液的空白溶液 2.0mL 于 10mL 试管中。

向每支试管中准确加入 5.0mL 邻苯二胺溶液，摇匀，在避光条件下放置 60min，立刻移入荧光分光光度计的石英杯中，于激发波长 350nm，发射波长 430nm 条件下测定其荧光值。以标准系列荧光值分别减去标准空白荧光值为纵坐标，对应的维生素 C 浓度为横坐标，绘制标准曲线。

3. 试样测定

（1）试样滤液　将处理好的试样置于放有约 2g 酸性活性炭的 250mL 锥形瓶中，剧烈振动，过滤（弃去约 5mL 初滤液），即为试样的滤液。

（2）试样空白溶液　准确吸取 5.0mL 试样滤液置于已放有 5.0mL 硼酸-乙酸钠溶液的 50mL 容量瓶中，静置 30min 后，用蒸馏水定容。

（3）试样溶液　准确吸取 5.0mL 试样滤液于另外的 50mL 已放有 5.0mL 乙酸钠溶液和约 15mL 水的容量瓶中，用水稀释至标线。

（4）试样测定液　准确吸取 2.00mL 试样溶液于 10.0mL 试管中，同时准确吸取 2.00mL 试样空白液于 10.0mL 试管中。

向每支试管中准确加入 5.0mL 邻苯二胺溶液，摇匀。在避光条件下放置 60min。立刻移入荧光分光光度计的石英杯中，于激发波长 350nm，发射波长 430nm 条件下测定其荧光值。

样品中维生素C的含量按下式计算：

$$x = \frac{\rho V f}{m} \times \frac{100}{1000}$$

式中　x——样品中维生素C的含量，mg/100g；

　　　ρ——由标准曲线得到样品试样测定液中维生素C的浓度，$\mu g/mL$；

　　　V——试样用定容的体积，mL；

　　　f——样品处理过程中的稀释倍数；

　　　m——试样质量，g。

✏ **注意事项**

(1) 在60℃、pH5.6条件下，每小时从2%的可溶性淀粉溶液中释放出1mg麦芽糖的酶量定义为1个酶活力单位（U）。

(2) 脱氢抗坏血酸与硼酸可形成复合物而不与邻苯二胺反应，依此排除试样中荧光杂质产生的干扰。

(3) 维生素C（抗坏血酸）在活性炭存在下氧化成脱氢抗坏血酸，还可用2,6-二氯靛酚溶液（2g/L）作氧化剂。

五、思考题

1. 实验中将维生素C（抗坏血酸）氧化成脱氢抗坏血酸，除使用活性炭外，还可以使用什么物质？

2. 实验中试样空白溶液使用硼酸-乙酸钠溶液，而试样溶液使用的是乙酸钠溶液，为什么？

实验三

水果硬糖中可溶性糖的测定
（碱性铜盐直接滴定法）

一、实验目的

掌握碱性铜盐直接滴定法测定食品中可溶性糖的原理和方法。

二、方法原理

将一定量的碱性酒石酸铜甲液、乙液等量混合，硫酸铜与氢氧化钠反应，立即生成天蓝色的氢氧化铜沉淀，这种沉淀很快与酒石酸钾钠反应，生成深蓝色的可溶性酒石酸钾钠铜配合物。

酒石酸钾钠铜具有氧化性，在加热条件下，能将还原糖氧化为酸，并生成氧化亚铜沉淀。

次甲基蓝作为指示剂（氧化型为蓝色，还原型为无色），用样液滴定，待二价铜全部被还原后，稍过量的还原糖把次甲基蓝还原，溶液由蓝色变为无色，即为滴定终点。

三、试剂、试样与仪器

1. 试剂

（1）冰乙酸（CH_3COOH，70%～72%，1.60g/mL）。

（2）硫酸铜（$CuSO_4 \cdot 5H_2O$）。

（3）酒石酸钾钠（$KNaC_4H_4O_6 \cdot 4H_2O$）。

（4）氢氧化钠（$NaOH$）。

（5）次甲基蓝（$C_{16}H_{18}ClN_3S$）。

（6）亚铁氰化钾[$K_4Fe(CN)_6 \cdot 3H_2O$]。

（7）乙酸锌[$Zn(CH_3COO)_2 \cdot 2H_2O$]。

（8）无水葡萄糖（$C_6H_{12}O_6$，优级纯）。

（9）碱性酒石酸铜甲液　称取15g硫酸铜（$CuSO_4 \cdot 5H_2O$）及0.05g次甲基蓝，溶于水中并稀释到1000mL。

（10）碱性酒石酸铜乙液　称取50g酒石酸钾钠及75g氢氧化钠，溶于水中，再加入4g亚铁氰化钾，完全溶解后，用水稀释至1000mL，贮存于橡胶塞玻璃瓶中。

（11）乙酸锌溶液　称取21.9g乙酸锌[$Zn(CH_3COO)_2 \cdot 2H_2O$]，加3mL冰乙酸，加水溶解并稀释到100mL。

（12）亚铁氰化钾溶液（10.6%）　称取10.6g亚铁氰化钾[$K_4Fe(CN)_6 \cdot 3H_2O$]，溶于水中，稀释至100mL。

（13）葡萄糖标准溶液（0.100%）　准确称取1.0000g经过98～100℃干燥至恒重的无水葡萄糖（$C_6H_{12}O_6$），加水溶解后移入1000mL容量瓶中，加入5mL盐酸（防止微生物生长），用水稀释到1L。

2. 试样

水果硬糖。

3. 主要仪器

（1）可调节电炉或电热板。

（2）电子分析天平。

四、实验内容与步骤

1. 碱性酒石酸铜的标定

准确吸取碱性酒石酸铜甲液和乙液各5.00mL，置于250mL锥形瓶中，加水10mL，加玻璃珠3粒。从滴定管滴加约9mL葡萄糖标准溶液，加热使其在2min内沸腾，准确沸腾30s，趁热以每2秒1滴的速度继续滴加葡萄糖标准溶液，直至溶液蓝色刚好褪去为终点。

碱性酒石酸铜溶液相当于葡萄糖的质量可用下式计算：

$$m_1 = \rho V$$

式中　m_1——10mL碱性酒石酸铜溶液相当于葡萄糖的质量，mg；

　　　ρ——葡萄糖标准溶液的质量浓度，mg/mL；

V——标定时消耗葡萄糖标准溶液的体积，mL。

2. 样品处理

准确称取 1g（精确至 0.0001g）水果硬糖，加水溶解并定容至 250mL，摇匀。

> **注意**
>
> 必要时应慢慢加入 5mL 乙酸锌溶液和 5mL 亚铁氰化钾溶液，加水至刻度，摇匀后静置 30min。用干燥滤纸过滤，收集滤液备用。

3. 样品溶液预测

吸取碱性酒石酸铜甲液、乙液各 5.00mL，置于 250mL 锥形瓶中，加水 10mL，加玻璃珠 3 粒，加热使其在 2min 内至沸，并使其沸腾 30s，趁热以先快后慢的速度从滴定管中滴加样品溶液，滴定时要始终保持溶液呈沸腾状态。待溶液蓝色变浅时，以每 2 秒 1 滴的速度滴定，直至溶液蓝色刚好褪去为终点。记录样品溶液消耗的体积。

4. 样品溶液测定

吸取碱性酒石酸铜甲液、乙液各 5.00mL，置于 250mL 锥形瓶中，加玻璃珠 3 粒，从滴定管中加入比预测时样品溶液消耗总体积少 1mL 的样品溶液，加热使其在 2min 内沸腾，保持沸腾 30s，趁热以每 2 秒 1 滴的速度继续滴加样液，直至蓝色刚好褪去为终点。

样品中可溶性糖（以葡萄糖计）含量按下式计算：

$$x = \frac{m_1 \times 10^{-3}}{m \times \dfrac{V}{250}} \times 100$$

式中　x——样品中可溶性糖（以葡萄糖计）的含量，g/100g；

　　　m_1——10mL 碱性酒石酸铜溶液相当于葡萄糖的质量，mg；

　　　m——样品的质量，g；

　　　V——滴定时消耗样品溶液的体积，mL。

> **注意事项**
>
> （1）碱性酒石酸铜甲液、乙液应分别贮存，用时混合。
>
> （2）由于测定过程中以 Cu^{2+} 量为计算依据，因此在样品处理时，不能用铜盐作为澄清剂，以免样液中引入 Cu^{2+}。
>
> （3）为消除氧化亚铜沉淀对滴定终点观察的干扰，在碱性酒石酸铜乙液中加入少量亚铁氰化钾，使之与 Cu_2O 生成可溶性的无色配合物，而不再析出红色沉淀。
>
> （4）滴定必须在沸腾条件下进行，以加快还原糖与 Cu^{2+} 反应速率。亚甲基蓝变色反应是可逆的，还原型亚甲基蓝遇空气中氧时又会被氧化为氧化型。此外，氧化亚铜也极不稳定，易被空气中氧所氧化。保持反应液沸腾，防止空气进入，避免亚甲基蓝和氧化亚铜被氧化而增加耗糖量。
>
> （5）通过预测可知道样液大概消耗量，以便在正式测定时，预先加入比实际用量少 1mL 左右的样液，以保证在 1min 内完成滴定，提高测定的准确度。
>
> （6）本实验的滴定工作要求在 3min 内完成，2min 内加热至沸，1min 内完成

滴定。

（7）影响测定结果的主要操作因素是反应液碱度、热源强度、煮沸时间和滴定速度。反应液的碱度直接影响二价铜与还原糖反应的速率、反应进行的程度及测定结果。在一定范围内，溶液碱度越高，二价铜的还原越快。因此，必须严格控制反应液的体积，标定和测定时消耗的体积应接近，使反应体系碱度一致。

（8）热源一般采用800W电炉，电炉温度恒定后才能加热，热源强度应控制在使反应液在2min内沸腾，且应保持一致。否则加热至沸腾所需时间就会不同，引起蒸发量不同，使反应液碱度发生变化，从而引入误差。

五、数据记录与处理

1. 碱性酒石酸铜的标定

序　号	1	2	3
碱性酒石酸铜溶液的体积/mL			
葡萄糖标准溶液的质量浓度/(mg/mL)			
滴定管初读数/mL			
滴定管终读数/mL			
消耗葡萄糖标准溶液的体积/mL			
10mL碱性酒石酸铜溶液相当于葡萄糖的质量/mg			
平均值/mg			
相对平均偏差			

2. 样品的测定

序　号	1	2	3
试样的质量/g			
滴定管初读数/mL			
滴定管终读数/mL			
消耗葡萄糖标准溶液的体积/mL			
可溶性糖（以葡萄糖计）的含量/(g/100g)			
可溶性糖（以葡萄糖计）的含量平均值/(g/100g)			

六、思考题

1. 实验中对样品溶液预测的目的是什么？
2. 测定样品溶液时为什么必须严格控制反应液的体积？

2. 若采用移液管吸取 5.00mL 样品，氨基酸态氮含量的测定结果如何表示？

实验五

奶粉中水分含量的测定
（卡尔·费休法）

一、实验目的

掌握卡尔·费休法测定食品中微量水分的原理和方法。

二、方法原理

$$SO_2 + I_2 + 2H_2O \longrightarrow H_2SO_4 + 2HI$$

此反应具有可逆性，当硫酸浓度达到 0.05% 以上时，即发生逆反应。要使反应顺利进行，需要加入适量的碱性物质，一般加入吡啶作溶剂可以满足要求。

$$C_5H_5N \cdot I_2 + C_5H_5N \cdot SO_2 + C_5H_5N + H_2O \longrightarrow 2C_5H_5N \cdot HI + C_5H_5N \cdot SO_3$$

生成的硫酸吡啶很不稳定，与水发生副反应而干扰测定。

$$C_5H_5N \cdot SO_3 + H_2O \longrightarrow C_5H_5N \cdot HHSO_4$$

若有甲醇存在，硫酸吡啶可以生成稳定的甲基硫酸氢吡啶。

$$C_5H_5N \cdot SO_3 + CH_3OH \longrightarrow C_5H_5N \cdot HSO_3 \cdot CH_3$$

由此可见，滴定操作的标准溶液是含有 I_2、SO_2、C_5H_5N 及 CH_3OH 的混合溶液，此溶液称为卡尔·费休试剂（Karl Fisher reagent）。

总反应：

$$I_2 + SO_2 + 3C_5H_5N + CH_3OH + H_2O \longrightarrow 2C_5H_5N \cdot HI + C_5H_5N \cdot HSO_4CH_3$$

三、试剂、试样与仪器

1. 试剂

（1）无水甲醇（CH_3OH，要求其含水量在 0.05% 以下）。

（2）无水吡啶（C_5H_5N，要求其含水量在 0.1% 以下）。

（3）卡尔·费休试剂（可以购买也可以自行配制）。

2. 试样

市售奶粉。

3. 仪器

（1）电子分析天平。

（2）CBS-1A 全自动卡氏微量水分测定仪。

CBS-1A 全自动卡氏微量水分测定仪（如图 7-1 所示），依据卡尔·费休容量法采用柱塞式滴定方法，由单片机控制柱塞的滴定过程，采集电极的动态信号，自动判断停止点，并计算测定结果。

四、实验内容与步骤

1. 仪器准备

按仪器使用说明书要求安装好仪器，然后通电打开电源开关，检查液晶显示屏、按键等电器是否完好，机械部件工作是否正常。

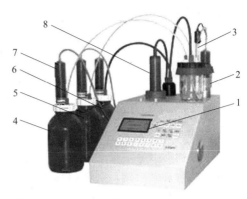

图 7-1　CBS-1A 全自动卡氏微量水分测定仪
1—显示屏；2—反应器；3—电极；4—废液瓶；
5—甲醇贮存瓶；6—卡尔·费休试剂贮存瓶；
7—干燥剂；8—计量泵

（1）清洗　在待机状态下按"清洗"键，输入清洗次数，再按"确认"键，按"启动"键启动清洗程序。先用甲醇清洗，再用卡尔·费休试剂清洗，清洗结束后按"复位"键返回待机状态。

（2）参数设置　按说明书要求对相应参数进行设置。

（3）空白滴定　在确认各项参数设置完成的情况下，按"空白"键，仪器进行空白滴定，待系统处于无水状态后，仪器报警提示。按"退出"键，仪器转入测定状态。

> **注意**
>
> 每天初次进行水分测定前或每次重新开机后，仪器都需要平衡掉系统中的水分，此时必须进行空白滴定。在不关机的情况下，如果不进行其他操作，仪器会自动进入空白滴定来维持系统的无水状态，则不需再进行空白滴定。

（4）漂移监测　完成空白滴定后，按"退出"键，仪器转入测定状态。再按"漂移"键仪器进行自动滴定。系统在平衡四分钟后报警，得出系统水分漂移的总量及平均每分钟的漂移量，并在结果计算中进行自动校正。

> **注意**
>
> 如果在一天的检测过程中，温度、湿度变化不大的情况下，则只需在第一次滴空白之后，进行一次漂移检测；否则要在每一次水分检测前进行漂移的检测。若很长一段时间内，温度、湿度没有大的变化，做一次漂移即可（推荐至少每周进行一次漂移检测）。

（5）标定　漂移值测定后，仪器为保持滴定池内实时处于无水状态将自动转入空白滴定，在平衡一两次后，按"退出"键系统回到测定状态，再按"标定"键，此时仪器提示输入检品质量，用微量进样器准确吸取 $5\mu L$（或 $10\mu L$）去离子水注入滴定池内甲醇液面下，输入 0.005mg（或 0.01mg），再次按"标定"键，仪器开始滴定。标定完成后，屏幕显示出滴定液浓度，单位为 mg/mL。一般情况下需要进行 2～3 次标定，仪器将自动计算出每次结果，并显示均值。标定结束后，屏幕上将显示标定值，此时按"退出"键或再次按"标定"键，仪器将显示所测的均值。

2. 样品测定

在各种准备工作都完成的情况下，按"进液"按钮往滴定池内注入 20mL 的无水甲醇作为检测溶剂。

按"重量"键，设置各项参数：

（1）检品的质量　单位 mg，取值范围 0～650.00，小数点后两位有效数字，修改后按"确认"键确认。

（2）批号　有效值最多为 8 位，最少 4 位，输入几位就打印几位，修改后或默认按"确认"键确认。

（3）日期　输入顺序为日、月、年，每次输入两位，修改后或默认按"确认"键确认。

输入各项参数后，按"确认"键后退出，再按"重量"键，放入样品，输入样品质量，按"确认"键和"启动"键开始滴定，测定结束后，屏幕显示最终结果，即为检品中水分的含量。

3. 结果打印

如果打印方式选择<1>，单次滴定结束后，按"打印"键打印出结果，同时仪器自动返回滴空白状态；如果打印方式选择<0>，同一样品在检测多次后，也可按"打印"键出具报告。

> **注意事项**
>
> （1）无水甲醇的处理　量取甲醇约 200mL 置干燥圆底烧瓶中，加光洁镁条 15g 与碘 0.5g，接上冷凝装置，冷凝管的顶端和接收器支管上要装无水氯化钙干燥管，当加热回流至金属镁开始转变为白色絮状的甲醇镁时，再加入甲醇 800mL，继续回流至镁条溶解。分馏，用干燥的抽滤瓶作接收器，收集 64～65℃馏分备用。
>
> （2）无水吡啶的处理　吸取吡啶 200mL 置于干燥的蒸馏瓶中，加 40mL 苯，加热蒸馏，收集 100～116℃馏分备用。
>
> （3）卡尔·费休试剂配制　称取 85g 碘于干燥的 1L 具塞棕色玻璃试剂瓶中，加入 670mL 无水甲醇，盖上瓶塞，摇动至碘全部溶解后，加入 270mL 吡啶混匀，然后置于冰水浴中冷却，通入干燥的二氧化硫气体 60～70min，通气完毕后塞上瓶塞，放置暗处至少 24h 后使用。

五、思考题

1. 根据消耗卡尔·费休试剂的体积，如何计算样品中水分含量？
2. 实验中使用卡尔·费休试剂应注意哪些事项？

实验六

大豆中脂类的测定
（索氏提取法）

一、实验目的

掌握索氏提取法测定食品中的脂含量的原理和方法。

二、方法原理

将经过前处理的样品用无水乙醚或石油醚回流提取，使样品中的脂肪进入溶剂中，回收溶剂后所得到的残留物，即为脂肪。

用有机溶剂浸提的混合物，除含有脂肪外，还含有磷脂、色素、树脂、蜡状物、挥发油、糖脂等物质，所以用索氏提取法测得的脂肪也称粗脂肪。

此法适用于脂类含量较高，结合态的脂类含量较少，不易吸湿结块样品的测定。

食品中的游离脂肪一般都能直接被乙醚、石油醚等有机溶剂抽提，而结合态脂肪不能直接被乙醚、石油醚提取，需在一定条件下进行水解等处理，使之转变为游离脂肪后方能提取，故索氏提取法测得的只是游离态脂肪，而不包括结合态脂肪。

三、试剂、试样与仪器

1. 试剂

（1）无水乙醚（$C_2H_5OC_2H_5$，沸点 34.6℃）。

（2）石油醚（沸程 30～60℃）。

（3）海砂　取适量用水洗去泥土的海砂或河砂，用 6mol/L 盐酸煮沸 30min，用水洗至中性，再用 6mol/L 氢氧化钠溶液煮沸 30min，然后用水洗至中性，在 105℃温度下烘干。

（4）脱脂棉。

2. 试样

大豆。

3. 仪器

（1）电子分析天平。

（2）粉碎机。

（3）脂肪测定仪（带索氏提取器）（如图 7-2 所示）。

四、实验内容与步骤

1. 样品处理

取豆类 30～50g，粉碎后通过直径 1.00mm 圆孔筛，装入广口瓶中备用。

图 7-2　脂肪测定仪

2. 滤纸筒的准备

用定性滤纸折成外径 24mm、长度为 50mm 的滤纸筒，两层为宜。将滤纸筒放入过滤筒中，调节好大小，并在滤纸筒底塞一层脱脂棉。

3. 试样包扎

从备用样品中称取 2～5g（精确至 0.0001g）试样，在 105℃温度下烘 30min，趁热倒入研钵中，加入约 2g 细砂一同研磨。至出油状后全部置入滤纸筒中，用少量脱脂棉沾乙醚擦洗研钵，并入滤纸筒内，最后再在上部盖一层脱脂棉压住试样。

4. 抽提操作

准确称量已于 105℃下干燥过并冷却的抽提筒的质量。移动红色滑动球，把滤纸筒置入抽提筒内，使磁钢将过滤筒吸住。在抽提筒中加入 50mL 无水乙醚，将抽提筒放在加热板上，并调节好抽提筒的位置。

向下扳动扳手，使冷凝管口与抽提筒严密接触。移动滑动球，使滤纸筒与抽提筒底接触，试样完全浸入试剂内。打开冷凝水开关，开启电源，调节温度控制器至所需的温度。

将滤纸筒升高 5cm 进行抽提，1h 后再将纸筒提升 1cm，同时将冷凝管旋塞关闭（水平位置），进行溶剂回收。

关闭电源，将抽提筒从加热板上取出，放入恒温箱内，烘去水分，移入干燥器内冷却后称量。

试样中脂肪含量按下式计算：

$$w = \frac{m_2 - m_1}{m} \times 100\%$$

式中　w——脂肪含量，%；

　　　m_2——接收瓶（抽提筒）和脂肪的质量，g；

　　　m_1——接收瓶（抽提筒）的质量，g；

　　　m——样品的质量，g。

📝 注意事项

（1）样品应干燥后研细，样品含水分会影响溶剂提取效果，而且溶剂会吸收样品中的水分造成非脂成分溶出。装样品的滤纸筒一定要严密，不能往外漏样品，但也不要包得太紧以防影响溶剂渗透。

（2）对于芝麻、油菜籽、亚麻籽等小粒籽油料不需要磨碎，而对于花生、蓖麻籽、葵花籽等大粒油料，应取 30~50g 去壳，用小刀切碎。

（3）对于半固体或液体样品，应称取 5.0~10.0g 于蒸发皿中，加入海砂约 20g 于沸水浴上蒸干后，再于 95~105℃烘干、研细。

（4）对含多量糖及糊精的样品，要先以冷水使糖及糊精溶解，经过滤除去，将残渣连同滤纸一起烘干，再一起放入抽提筒中。

（5）抽提用的乙醚或石油醚要求无水、无醇、无过氧化物，挥发残渣含量低。因水和醇可导致水溶性物质溶解，如水溶性盐类、糖类等，使得测定结果偏高。过氧化物会导致脂肪氧化，在烘干时也有引起爆炸的危险。

（6）提取剂中过氧化物的检查方法　取 6mL 乙醚，加 2mL 碘化钾溶液（10%），用力振摇，放置 1min 后，若出现黄色，则证明有过氧化物存在。应另选乙醚或处理后再用。

（7）提取时水浴温度不可过高，以每分钟从冷凝管滴下 80 滴左右，每小时回流 6~12 次为宜，提取过程应注意防火。

（8）判断抽提是否完全，可凭经验，也可用滤纸或毛玻璃检查，由抽提管下口滴下的乙醚滴在滤纸或毛玻璃上，挥发后不留下油迹表明已抽提完全，若留下油迹说明抽提不完全。

（9）在挥发乙醚或石油醚时，切忌用火直接加热，应该用电热套，电水浴等。烘前应驱除全部残余的乙醚，因乙醚稍有残留，放入烘箱时，有发生爆炸的危险。

3. 仪器

（1）电子分析天平。

（2）可见分光光度计。

（3）高速冷冻离心机。

（4）超声波清洗器。

四、实验内容与步骤

1. 标准曲线的绘制

取 6 只 50mL 离心管，按下表要求配制标准系列溶液，显色后用 1cm 比色皿，以蒸馏水作参比液，在 540nm 波长处测定吸光度。以吸光度为纵坐标，以蛋白质浓度为横坐标绘制标准曲线。

序　　号	0	1	2	3	4	5
酪蛋白标准样品的质量/mg	0	10.0	20.0	30.0	40.0	50.0
双缩脲试剂的体积/mL	25.0	25.0	25.0	25.0	25.0	25.0
蛋白质的含量/mg	0	10.0	20.0	30.0	40.0	50.0

2. 样品的测定

称取 1.5g 试样（精确至 0.0001g），于 50mL 离心管中，加入 5mL 三氯乙醛溶液（150g/L），静置 10min 使蛋白充分沉淀，在 10000r/min 下离心 10min，倾去上层清液，沉淀用 10mL 乙醇（95%）洗涤。向沉淀中加入 2mL 四氯化碳和 23mL 双缩脲试剂（使总体积为 25mL），于超声波清洗器中振荡均匀，使蛋白溶解，静置显色 10min，在 10000r/min 下离心 20min，取离心后上层清液，测定吸光度。

按下式计算样品中蛋白质的含量。

$$x = \frac{\rho_1}{m} \times 10^{-3} \times 100$$

式中　x——样品中蛋白质的含量，g/100g；

　　　ρ_1——标准曲线上得到的蛋白质的浓度，mg；

　　　m——样品的质量，g。

📝 **注意事项**

（1）蛋白质的种类不同对发色程度影响不大。

（2）含脂肪高的样品应预先用乙醚抽提弃去。

（3）样品中有不溶性成分存在时，会影响光度的测定，此时应预先将蛋白质抽出后再进行测定。

（4）若肽链中含有脯氨酸，或有多量的糖类共存时，影响显色，使结果偏低。

五、数据记录与处理

1. 标准曲线绘制

序号	0	1	2	3	4	5
酪蛋白标准样品的质量/mg	0	10.0	20.0	30.0	40.0	50.0

续表

序号	0	1	2	3	4	5
双缩脲试剂的体积/mL	25.0	25.0	25.0	25.0	25.0	25.0
蛋白质的含量/mg	0	10.0	20.0	30.0	40.0	50.0
吸光度						
线性回归方程						
线性相关性系数						

2. 样品的测定

序号	1	2	3
试样的质量/g			
标准曲线得到的蛋白质含量/mg			
样品中蛋白质的含量/(g/100g)			
样品中蛋白质的含量平均值/(g/100g)			

六、思考题

1. 双缩脲试剂的组成是什么？
2. 酪蛋白不溶于水，但能溶于双缩脲试剂，为什么？

实验九

食品中钙的测定
（火焰原子吸收光谱法）

一、实验目的

掌握火焰原子吸收光谱法测定食品中钙含量的原理和方法。

二、方法原理

试样经消解处理后，加入镧溶液作为释放剂，经原子吸收火焰原子化，在波长422.7nm 处测定的吸光度值在一定浓度范围内与钙含量成正比。

三、试剂、试样与仪器

1. 试剂与材料

（1）硝酸（HNO_3，65%~68%，1.39~1.41g/mL）；硝酸溶液（5+95）；硝酸溶液（1+1）。

（2）高氯酸（$HClO_4$，70%~72%，1.60g/mL）。

（3）盐酸（HCl，36%~37%，1.18~1.19g/mL）；盐酸溶液（1+1）。

（4）氧化镧（La_2O_3）。

（5）碳酸钙（$CaCO_3$，CAS 号 471-34-1，纯度>99.99%）。

（6）镧溶液（20g/L） 称取 23.45g 氧化镧，先用少量水湿润后再加入 75mL 盐酸溶液（1+1）溶解，转入 1000mL 容量瓶中，加水定容至刻度，混匀。

（7）钙标准储备液（1000mg/L） 准确称取 2.4963g（精确至 0.0001g）碳酸钙，加盐酸溶液（1＋1）溶解，移入 1000mL 容量瓶中，加水定容至刻度，混匀。

（8）钙标准工作液（100mg/L） 准确吸取钙标准储备液（1000mg/L）10.00mL 于 100mL 容量瓶中，加硝酸溶液（5＋95）至刻度，混匀。

2. 试样

（1）粮食、豆类样品 样品去除杂物后，粉碎，储于塑料瓶中。

（2）蔬菜、水果、鱼类、肉类等样品 样品用水洗净，晾干，取可食部分，制成匀浆，储于塑料瓶中。

（3）饮料、酒、醋、酱油、食用植物油、液态乳等液体样品。

3. 仪器

（1）原子吸收光谱仪（配火焰原子化器，钙空心阴极灯）。

（2）电子分析天平。

（3）微波消解系统（配聚四氟乙烯消解内罐）。

（4）可调式电热炉、电热板。

（5）压力消解罐（配聚四氟乙烯消解内罐）。

（6）恒温干燥箱。

（7）马弗炉。

四、实验内容与步骤

1. 试样消解

（1）湿法消解 准确称取固体试样 0.2～3g（精确至 0.001g）或准确移取液体试样 0.50～5.00mL 于带刻度消化管中，加入 10mL 硝酸、0.5mL 高氯酸，在可调式电热炉上消解（参考条件：120℃/0.5h～120℃/1h，升至 180℃/2h～180℃/4h，升至 200～220℃）。若消化液呈棕褐色，再加硝酸，消解至冒白烟，消化液呈无色透明或略带黄色。取出消化管，冷却后用水定容至 25mL，再根据实际测定需要稀释，并在稀释液中加入一定体积的镧溶液（20g/L）使其在最终稀释液中的浓度为 1g/L，混匀备用。

> 📝 **注**
>
> 也可采用锥形瓶，于可调式电热板上，按上述操作方法进行湿法消解。

（2）微波消解 准确称取固体试样 0.2～0.8g（精确至 0.001g）或准确移取液体试样 0.50～3.00mL 于微波消解罐中，加入 5mL 硝酸，按照微波消解的操作步骤消解试样（参考条件：设定温度 120℃，升温 5min，恒温 5min；设定温度 160℃，升温 5min，恒温 10min；设定温度 180℃，升温 5min，恒温 10min）。冷却后取出消解罐，在电热板上于 140～160℃加热赶酸至 1mL 左右。消解罐放冷后，将消化液转移至 25mL 容量瓶中，用少量水洗涤消解罐 2～3 次，合并洗涤液于容量瓶中并用水定容至刻度。根据实际测定需要稀释，并在稀释液中加入一定体积镧溶液（20g/L）使其在最终稀释液中的浓度为 1g/L，混匀备用。

（3）压力罐消解 准确称取固体试样 0.2～1g（精确至 0.001g）或准确移取液体试样

0.50~5.00mL 于消解内罐中，加入 5mL 硝酸。盖好内盖，旋紧不锈钢外套，放入恒温干燥箱，于 140~160℃下保持 4~5h。冷却后缓慢旋松外罐，取出消解内罐，放在可调式电热板上于 140~160℃赶酸至 1mL 左右。冷却后将消化液转移至 25mL 容量瓶中，用少量水洗涤内罐和内盖 2~3 次，合并洗涤液于容量瓶中并用水定容至刻度，混匀备用。根据实际测定需要稀释，并在稀释液中加入一定体积的镧溶液（20g/L），使其在最终稀释液中的浓度为 1g/L，混匀备用。

2. 标准曲线的绘制

分别吸取钙标准工作液 0、0.50mL、1.00mL、2.00mL、4.00mL、6.00mL 于 6 只 100mL 容量瓶中，分别加入 5mL 镧溶液（20g/L），用硝酸溶液（5＋95）定容至刻度，混匀。此钙标准系列溶液中钙的含量分别为 0、0.500mg/L、1.00mg/L、2.00mg/L、4.00mg/L 和 6.00mg/L。

> **注**
>
> 可根据仪器的灵敏度及样品中钙的实际含量确定标准溶液系列中元素的具体浓度。

将钙标准系列溶液按浓度由低到高的顺序分别导入火焰原子化器，测定吸光度值，以吸光度值为纵坐标，以标准系列溶液中钙的质量浓度为横坐标，绘制标准曲线。

3. 试样测定

在与测定标准溶液相同的实验条件下，将空白溶液和试样待测液分别导入原子化器，测定相应的吸光度值。同时进行空白实验。

固体试样中钙的含量按下式计算：

$$x = \frac{(\rho - \rho_0)fV}{m}$$

式中　x——试样中钙的含量，mg/kg；

ρ——试样待测液中钙的质量浓度，mg/L；

ρ_0——空白溶液中钙的质量浓度，mg/L；

V——试样消化液的定容体积，mL；

m——试样质量，g；

f——试样消化液的稀释倍数。

液体试样中钙的含量按下式计算：

$$\rho = \frac{(\rho_1 - \rho_0)fV_1}{V}$$

式中　ρ——试样中钙的含量，mg/kg；

ρ_1——试样待测液中钙的质量浓度，mg/L；

ρ_0——空白溶液中钙的质量浓度，mg/L；

V_1——试样消化液的定容体积，mL；

V——试样体积，mL；

f——试样消化液的稀释倍数。

柱，流速1mL/min，用溶剂洗脱，弃去前15mL淋洗液，收集15mL至30mL的洗脱液，在40℃以下水浴减压浓缩至近干，加入8mL丙酮溶解，在40℃以下水浴中用平缓氮气流吹至干，准确加入1.0mL丙酮，混匀，再加0.05～0.1gPSA混匀，过0.45μm滤膜。

2. 样品测定

（1）色谱参考条件

色谱柱：石英毛细管柱，DB-1701，30m×0.53mm（内径）×1.0μm（膜厚）。

载气：氮气（纯度大于99.999%）。

恒压模式：89.635kPa。

尾吹气流速：30mL/min。

氢气流速：75mL/min。

空气流速：90mL/min。

柱温：初始温度120℃保持1min，以10℃/min升至230℃，以20℃/min升至270℃保持12min。进样口温度250℃。检测器温度250℃。

在上述色谱条件下，11种有机磷农药的参考保留时间分别约为：敌敌畏（2.9min），甲胺磷（3.9min），灭线磷（7.3min），甲拌磷（7.9min），乐果（10min），甲基对硫磷（11.0min），马拉硫磷（11.3min），对硫磷（11.9min），喹硫磷（12.2min），三唑磷（14.5min），蝇毒磷（19.2min）。

（2）标准曲线绘制 移取适量混合标准工作液，配成各组分浓度分别为0.00、0.0080μg/mL、0.010μg/mL、0.050μg/mL、0.10μg/mL、0.50μg/mL。

取各种浓度混合液1.0μL注入色谱仪，在选定的色谱条件下测定。以有机磷农药峰面积为纵坐标，以有机磷农药的浓度为横坐标绘制标准曲线。

（3）样品的测定 吸取1μL净化后样品注入色谱仪，记录组分的蜂面积。同时进行空白实验。

样品中各有机磷农药的含量用下式计算。

$$x_i = \frac{(A_i - a)V}{bm}$$

式中 x_i——样品中i组分的含量，mg/kg；

A_i——样品中组分i的峰面积；

a——校准曲线的截距；

b——校准曲线的斜率；

V——样品定容体积，mL；

m——样品的质量，g。

> **注意事项**
>
> 若采用一点法进行测定，根据样品中被测有机磷农药的含量，选定峰面积相近的标准工作溶液（混合标准工作液配成各组分浓度分别为0.008μg/mL、0.010μg/mL、0.050μg/mL、0.10μg/mL、0.50μg/mL中的一种）。标准工作溶液和样液中各种有机磷的响应值均应在仪器的线性范围内。标准工作溶液和样液等体积穿插进样测定。

样品中各有机磷农药的含量用下式计算。

$$x_i = \frac{A_i \rho_{is} V}{A_{is} m}$$

式中　x_i——样品中 i 组分的含量，mg/kg；

　　　ρ_{is}——标准工作液中 i 组分的含量，μg/mL；

　　　A_i——样液中 i 组分的峰面积；

　　　A_{is}——标准工作液中 i 组分的峰面积；

　　　V——样液定容体积，mL；

　　　m——最终样液代表的试样质量，g。

五、思考题

1. 气相色谱外标法定量，比较标准曲线法与一点法的优缺点。

2. 按测定步骤中的操作，样品定容体积是多少？用于进样的测定液体积是多少？

第八章 | 药物分析

实验一

葡萄糖的性状、鉴别和检查

一、实验目的

掌握药品常用的鉴别方法和原理以及药品中一般杂质检查的方法原理。

二、方法原理

葡萄糖分子结构中的五个碳都是手性碳原子，具有旋光性。一定条件下的旋光度是旋光性物质的特性常数，测定葡萄糖的比旋度具有初步鉴别及估测纯度的意义。

葡萄糖分子中具有醛基，能还原碱性酒石酸铜生成红色氧化亚铜沉淀。

葡萄糖除了检查氯化物、硫酸盐、铁盐、重金属、砷盐等一般杂质外，还需检查溶液的澄清度与颜色（目的是检查水不溶性物质或有色杂质）、乙醇溶液的澄清度（目的是检查醇不溶性杂质，如糊精、蛋白质等）、亚硫酸盐与可溶性淀粉（因为制备时使用的酸可能带有亚硫酸盐，而可溶性淀粉为引入的中间体）。

旋光度（α）与溶液的浓度（c）和偏振光透过溶液的厚度（L）成正比。当偏振光通过厚 1dm 且每 1mL 中含有旋光性物质 1g 的溶液，使用光线波长为钠光 D 线（589.3nm），测定温度为 t℃时，测得的旋光度称为该物质的比旋度，以 $[\alpha]_D^t$ 表示。

葡萄糖的比旋度 $[\alpha]_D^{25}$ 为 +52.6°至 53.2°。因此，测定葡萄糖溶液的旋光度可以求得其含量。

三、试剂、试样与仪器

1. 试剂

（1）氨试液　取氨水 400mL，加水使成 1000mL。

（2）碱性酒石酸铜试液　取硫酸铜（$CuSO_4 \cdot 5H_2O$）结晶 6.93g，加水使溶解成 100mL 为 A 液。取酒石酸钾钠（$KNaC_4H_4O_6 \cdot 4H_2O$）34.6g 与氢氧化钠 10g，加水使溶解成 100mL 为 B 液。用时将两液等量混合，即得。

（3）氢氧化钠滴定液（0.02mol/L）。

（4）酚酞指示液（2.0g/L 乙醇溶液）。

（5）硫酸肼 $[(NH_2)_2 \cdot H_2SO_4]$。

（6）乌洛托品溶液（$C_6H_{12}N_4$，10%）。

（7）浊度标准贮备液　称取于 105℃干燥至恒重的硫酸肼 1.00g，于烧杯中加水适量使其溶解，必要时可在 40℃的水浴中温热溶解，转移至 100mL 容量瓶中并用水稀释至刻度，摇匀，放置 4～6h；取此溶液与等容量的乌洛托品溶液（10%）混合，摇匀，于 25℃避光静置 24h。该溶液置冷处避光保存。

（8）浊度标准原液　取浊度标准贮备液 15.0mL，置 1000mL 容量瓶中，加水稀释至刻度，摇匀，取适量，置 1cm 吸收池中，在 550nm 的波长处测定，其吸光度应在 0.12～0.15 范围内。

（9）浊度标准液　取浊度标准原液与水，按下表配制。

级号	0.5	1	2	3	5
浊度标准原液的体积/mL	2.50	5.00	10.0	30.0	50.0
水的体积/mL	97.5	95.0	90.0	70.0	50.0

（10）盐酸（HCl，36%～37%，1.18～1.19g/mL）。

（11）硫酸（H_2SO_4，98%，$\rho = 1.84g/mL$）。

（12）硝酸（HNO_3，65%～68%，1.39～1.41g/mL）。

（13）氯化钠标准贮备液　称取氯化钠 0.165g，置 1000mL 容量瓶中，加水适量使溶解并稀释至刻度，摇匀。

（14）氯化钠标准工作液　临用前，量取贮备液 10.00mL 置 100mL 容量瓶中，加水稀释至刻度，摇匀，即得每 1mL 相当于 10μg 的 Cl。

（15）硝酸银试液（0.1mol/L）。

（16）硫酸钾标准溶液　称取硫酸钾 0.1810g，置于烧杯中加水适量使溶解，转移至 1000mL 容量瓶中，稀释至刻度，摇匀，即得（每 1mL 相当于 100μg 的 SO_4^{2-}）。

（17）氯化钡溶液（50g/L）　取氯化钡的细粉 5g，加水使溶解成 100mL。

（18）氯化钴溶液（20g/L）　取氯化钴 2g，加盐酸 1mL，加水溶解并稀释至 100mL。

（19）重铬酸钾溶液（75g/L）　取重铬酸钾 7.5g，加水使溶解成 100mL。

（20）硫酸铜溶液（125g/L）　取硫酸铜（$CuSO_4 \cdot 5H_2O$）12.5g，加水使溶解成 100mL。

（21）碘试液（I_2，0.05mol/L）。

（22）磺基水杨酸溶液（200g/L）。

（23）硫酸溶液（1+15）。

（24）草酸铵溶液（35g/L）　取草酸铵 $[(NH_4)_2C_2O_4 \cdot H_2O]$ 3.5g，加水使溶解成 100mL。

（25）钙标准溶液　称取碳酸钙 0.1250g，置于 500mL 量瓶中，加水 5mL 与盐酸 0.5mL 使溶解，用水稀释至刻度，摇匀。每 1mL 相当于 0.1mg 的钙。

（26）硫氰酸铵溶液（300g/L）。

（27）铁标准工作液　称取硫酸铁铵 $[FeNH_4(SO_4)_2 \cdot 12H_2O]$ 0.863g，置于 100mL 烧杯中加水溶解后，加硫酸 2.5mL，转移至 1000mL 容量瓶中，用水稀释至刻度，摇匀，作为铁标准贮备液。临用前，精密量取贮备液 10.00mL，置于 100mL 容量瓶中，加水稀释至刻度，摇匀，作为铁标准工作液（每 1mL 相当于 10μg 的 Fe）。

（28）乙酸盐缓冲液（pH3.5）　取乙酸铵 25g，加水 25mL 溶解后，加 7mol/L 盐酸溶液 38mL，用 2mol/L 盐酸溶液或 5mol/L 氨溶液准确调节 pH 至 3.5（电位法指示），用水稀释至 100mL。

持稍过量的溴存在，必要时，再补加溴化钾-溴试液适量，并随时补充蒸散的水分，放冷，加 5mL 盐酸与适量水至 28mL，作为供试品溶液。置于 A 瓶中，再加碘化钾试液 5mL、酸性氯化亚锡试液 5 滴，在室温放置 10min 后，加锌粒 2g，立即将按照上法装妥的导气管 C 密塞于 A 瓶上，并将 A 瓶置 25～40℃水浴中，反应 45min，取出溴化汞试纸，即得样品砷斑。

将样品砷斑与标准砷斑比较，不得更深（0.0001%）。

> 📝 **注意事项**
>
> （1）砷盐检查时所用仪器和试液等照本法做空白实验，均不应生成砷斑，或至多生成仅可辨认的斑痕；所用锌粒应无砷，以能通过一号筛的细粒为宜，如使用的锌粒较大，用量应酌情增加，反应时间亦应延长为 1h；乙酸铅棉花的制备是取脱脂棉 1.0g，浸入 12mL 乙酸铅试液与水的等体积混合液中，湿透后，挤压除去过多的溶液，并使之疏松，在 100℃ 以下干燥后，储于具塞的玻璃瓶中备用。
>
> （2）若供试品需经有机破坏后再行检砷，在制备标准砷斑时需按与试样处理相同方法处理砷标准溶液。

五、思考题

1. 葡萄糖的检查项目中哪些属于一般杂质？哪些属于特殊杂质？两者有何区别？
2. 亚硫酸盐和可溶性淀粉超标会出现什么现象？
3. 在氯化物、重金属及砷盐检查中，操作时需注意哪些事项？

实验二

药物水杨酸钠的含量测定
（非水滴定法）

一、实验目的

掌握非水滴定法测定药物水杨酸钠的原理和方法。

二、方法原理

水杨酸钠为有机酸的碱金属盐，$K_{b2} = 9.4 \times 10^{-10}$，在水溶液中 $cK_{b2} < 10^{-8}$，其碱性弱，不能直接用酸标准溶液直接滴定。若选择适当的溶剂，使其碱性增强，则可用高氯酸的冰乙酸溶液进行滴定，其滴定反应为：

$$HClO_4 + C_7H_5O_3Na \longrightarrow C_7H_5O_3H + NaClO_4$$

选用醋酐-冰乙酸（1+4）混合溶剂，用结晶紫为指示剂，用高氯酸标准溶液滴定溶液变为蓝色为终点。

三、试剂、试样与仪器

1. 试剂

（1）邻苯二甲酸氢钾（$KHC_8H_4O_4$，基准试剂）。

（2）高氯酸（70%～72%，1.75g/mL）。

（3）冰乙酸（≥99.5%，分析纯）。

（4）乙酸酐（99.5%，1.08g/mL）。

（5）高氯酸标准溶液（0.1mol/L）　取无水冰乙酸 750mL，加入高氯酸（70%～72%）8.5mL，摇匀，在室温下缓缓加入乙酸酐 24mL，边加边摇，加完后再振摇均匀，放冷。加适量冰乙酸使测液体积达到 1000mL，摇匀，放置 24h。若所测样品易乙酰化，则必须用水分滴定法测定该溶液的含水量，再用水和醋酐反复调节至该溶液的含水量为 0.01%～0.2%。

（6）冰乙酸溶液（0.5%）。

（7）结晶紫指示液（5g/L）　称取结晶紫 0.5g，溶于 100mL 冰乙酸中。

2. 试样

市售药用水杨酸钠。

3. 仪器

（1）电子分析天平。

（2）微量滴定管（10mL）。

四、实验内容与步骤

1. 0.1mol/L 高氯酸标准溶液的标定

取 105～110℃干燥至恒重的邻苯二甲酸氢钾基准物质约 0.16g（精确至 0.0001g）。加醋酐-冰乙酸（1+4）混合溶剂 10mL 使之溶解，加结晶紫指示液 1 滴，用高氯酸标准溶液滴定至蓝色即为终点。同时进行空白实验。

2. 样品的测定

取在 105℃干燥至恒重的水杨酸钠样品约 0.13g（精确至 0.0001g）。将样品置于 50mL 干燥的锥形瓶中，加乙酐-冰乙酸（1+4）10mL 使其溶解，加结晶紫指示液 1 滴，用高氯酸标准溶液滴定至蓝绿色即为终点。同时进行空白实验。

水杨酸钠质量分数按下式计算：

$$w(C_7H_5O_3Na) = \frac{cVM(C_7H_5O_3Na) \times 10^{-3}}{m} \times 100\%$$

式中　$w(C_7H_5O_3Na)$——水杨酸钠质量分数，%；

c——高氯酸标准溶液的浓度，mol/L；

V——消耗高氯酸标准溶液的空白校正体积，mL；

m——试样的质量，g；

$M(C_7H_5O_3Na)$——水杨酸钠（$C_7H_5O_3Na$）的摩尔质量（160.1），g/mol。

📝 注意事项

（1）配制高氯酸冰乙酸溶液时，不能将醋酐直接加入高氯酸中（为什么?），应先用冰乙酸将高氯酸稀释后再缓缓加入醋酐。

（2）使用的微量滴定管应预先洗净，倒置沥干，其他容量器皿应预先洗净烘干。

（3）高氯酸与有机物接触、遇热，极易引起爆炸。若将醋酐直接加到高氯酸中，将发生剧烈反应，并散发出大量热。因此，配制时应先用冰乙酸将高氯酸稀释，然后在不断搅拌下，缓缓加入醋酐。高氯酸、冰乙酸会腐蚀皮肤、刺激黏膜，应注意防护。

（4）冰乙酸有挥发性，标准溶液应密闭贮存，防止挥发及水分进入。标准溶液装入滴定管后，其上端应盖上一干燥小烧杯。

（5）用过的冰乙酸溶剂可以回收，但回收蒸馏时须当心高氯酸有爆炸危险，不要蒸得太浓。通常蒸馏出 4/5 容积时，余下的即可弃去，所得蒸馏液可重新使用。回收方法是：于废酸中加 Na_2CO_3 适量，至溶液变紫（结晶紫作指示剂），过滤，滤液用分馏法收集 117～118℃蒸馏液，直至蒸出达 4/5 容积时为止，余下弃去。

（6）高氯酸和冰乙酸中所含水分，必须加醋酐予以除去，所加醋酐的量可按下述两种情况处理。

① 测定一般样品时，醋酐的量可稍多于计算量，不影响测定结果。

② 测定易乙酰化样品如芳香第一胺或第二胺时，所加醋酐不宜过得，否则使测定结果偏低。测定此类样品用的标准溶液，需预先采用卡尔·费休（Karl Fischer）测水法，确定其正确的含水量后，再加上适量醋酐调节到标准溶液的含水量为 0.01%～0.2%。

（7）冰乙酸的体积膨胀系数较大，其体积随温度改变较大，故测定时与标定时温度若超过 10℃，则应重新标定；若未超过 10℃，则可根据下式对高氯酸的浓度进行校正。

$$c_1 = \frac{c_0}{1 + 0.0011 \times (t_1 - t_0)}$$

式中　c_0——温度为 t_0 时的浓度，mol/L；

　　　c_1——温度为 t_1 时的浓度，mol/L；

　　　t_0——标定时的温度；

　　　t_1——测定时的温度；

　　0.0011——冰乙酸的体积膨胀系数。

五、思考题

1. 邻苯二甲酸氢钾既可用来标定碱（NaOH 水溶液），又可用来标定酸（$HClO_4$ 冰乙酸溶液），为什么？

2. 乙酸钠在水溶液中为一弱碱，是否可用盐酸标准溶液直接滴定？能否用非水酸碱滴定法测定其含量？若能测定，试设计一简单的操作步骤。

实验三

原料药盐酸普鲁卡因的含量分析
（永停滴定法）

一、实验目的

掌握永停滴定法测定芳香伯胺类化合物含量的原理和方法。

二、方法原理

盐酸普鲁卡因分子结构中具有芳香伯胺，在酸性溶液中与亚硝酸钠定量反应，生成重氮盐，反应终点用永停滴定法指示。

永停滴定法采用铂-铂电极系统。测定时，先将电极插入供试品的盐酸溶液中，当在电极间加一低电压（约为 50mV）时，若电极在溶液中极化，则在滴定终点前，溶液中无亚硝酸，线路仅有很小或无电流通过，电流计指针不发生偏转或偏转后即回复到初始位置；当到达滴定终点时溶液中有微量亚硝酸存在，使电极去极化，发生氧化还原反应。

阳极：$$NO + H_2O \longrightarrow HNO_2 + H^+ + e^-$$

阴极：$$HNO_2 + H^+ + e^- \longrightarrow NO + H_2O$$

此时线路中有电流通过，电流计指针突然偏转，并不再回零，即为滴定终点。

三、试剂、试样与仪器

1. 试剂

（1）溴化钾（KBr）。

（2）盐酸溶液（1+1）。

（3）对氨基苯磺酸（$C_6H_7NO_3S$，基准试剂）　于 120℃下烘干，干燥器中保存。

（4）亚硝酸钠滴定液（0.05mol/L）。

（5）氨水溶液（1+9）。

2. 试样

盐酸普鲁卡因（原料药）。

3. 仪器

（1）电子分析天平。

（2）ZYT-1 型永停滴定仪。

四、实验内容与步骤

1. 硝酸钠滴定液的标定

称取 0.14g（精确至 0.0001g）于 120℃ 干燥的对氨基苯磺酸，加 35mL 氨溶液（1+9），置电磁搅拌器上，搅拌，待完全溶解后，加 20mL 盐酸溶液（1+1），然后再加 2g 溴化钾，插入铂-铂电极后，将滴定管的尖端插入液面下约 2/3 处，在 15~20℃ 条件下用亚硝酸钠滴定液（0.05mol/L）迅速滴定，至近终点时，将滴定管的尖端提出液面，用少量水淋洗尖端，洗液并入溶液中，继续缓缓滴定，至电流计指针突然偏转，并不再回复，即为滴定终点。同时进行空白实验。

亚硝酸钠滴定液的浓度用下式计算：

$$c = \frac{m}{MV} \times 10^3$$

式中　c——亚硝酸钠滴定液的浓度，mol/L；

　　　V——扣除空白后消耗亚硝酸钠滴定液的体积，mL；

　　　m——对氨基苯磺酸的质量，g；

　　　M——对氨基苯磺酸的摩尔质量（173.20），g/mol。

（0.1mol/L）溶解并稀释至刻度，摇匀，作为供试品溶液（B）。另一份中加 1.0mL 标准铁溶液，加硝酸溶液（0.1mol/L）溶解并稀释至刻度，摇匀，作为对照溶液（A）。

按照原子吸收分光光度法，在 248.3nm 波长处分别测定 A、B 溶液的吸光度。

A 和 B 溶液测得的吸光度分别为 a 和 b，若 $b \leqslant (a-b)$，则合格；若 $b > (a-b)$，则不合格。

2. 铜的检查

称取样品 2.0g（精确至 0.0001g）两份，分别置于 25mL 容量瓶中，一份中加硝酸溶液（0.1mol/L）溶解并稀释至刻度，摇匀，作为供试品溶液（B）。另一份中加 1.0mL 标准铜溶液，加硝酸溶液（0.1mol/L）溶解并稀释至刻度，摇匀，作为对照溶液（A）。

按照原子吸收分光光度法，在 324.8nm 波长处分别测定 A、B 溶液的吸光度。

A 和 B 溶液测得的吸光度分别为 a 和 b，若 $b \leqslant (a-b)$，则合格；若 $b > (a-b)$，则不合格。

五、思考题

1. 原了吸收仪原子化器的类型有哪几种？
2. 原子吸收分光光度法适合分析何种组分？

实验六

原料药扑尔敏吸收系数的测定
（紫外分光光度法）

一、实验目的
掌握紫外分光光度法测定原料药扑尔敏吸收系数的操作方法。

二、方法原理
根据药品的分子结构，判断药品是否有紫外收收光谱。配适当浓度的溶液，使其最大吸收波长处的吸光度在 0.2～0.7 之间。测定完整的吸收光谱，找出干扰小且能较准确测定的最佳吸收波长。在选定吸收波长处测定吸光度。根据吸光度计算吸收系数。

三、试剂、试样与仪器
1. 试剂
（1）硫酸溶液（0.05mol/L）。
（2）硫酸溶液（0.005mol/L）。
（3）重铬酸钾（$K_2Cr_2O_7$，基准试剂）。
（4）碘化钠溶液（1.0%）。
（5）亚硝酸钠溶液（5.0%）。

2. 试样
扑尔敏（分析纯）。

3. 仪器

（1）紫外分光光度计（5 台不同型号）。

（2）电子分析天平。

（3）1cm 石英比色皿。

四、实验内容与步骤

1. 试液的配制

称取 2 份在 105℃干燥至恒重的扑尔敏纯品约 0.015g（精确至 0.0001g），分别用硫酸溶液（0.05mol/L）溶解，定量转移至 100mL 容量瓶中，用硫酸溶液（0.05mol/L）稀释至刻度，得标准溶液（Ⅰ）、（Ⅱ）。取 3 只 50mL 容量瓶，用移液管分别加入 5.00mL 和 10.00mL 扑尔敏标准溶液（Ⅰ）于两只容量瓶中，另 1 只容量瓶作空白，分别用 H_2SO_4 溶液（0.05mol/L）稀释至标线，摇匀。另取 3 只 50mL 容量瓶，用移液管分别加入 5.00mL 和 10.00mL 扑尔敏标准溶液（Ⅱ）于两只容量瓶中，另 1 只容量瓶作空白，分别用 H_2SO_4 溶液（0.05mol/L）稀释至标线，摇匀。

2. 紫外分光光度计的校正和检定

（1）波长检定　用汞灯中的较强谱线 237.83nm、253.65nm、275.28nm、296.73nm、313.16nm、334.15nm、365.02nm、404.66nm、435.83nm、546.07nm 和 576.96nm；或用仪器中氘灯的 486.02mn 与 656.10nm 谱线进行校正。钬玻璃在波长 279.4nm、287.5nm、333.7nm、360.9nm、418.5nm、460.0nm、484.5nm、536.2nm 和 637.5nm 处有尖锐吸收峰，也可作波长校正。仪器波长的允许误差紫外光区为±1nm，500nm 附近为±2nm。

（2）吸光度的准确度检定　取在 120℃干燥至恒重的重铬酸钾 0.0600g，用 0.005mol/L 硫酸溶液溶解并稀释至 1000mL，在规定的波长处测定并计算其吸收系数，并与规定的吸收系数比较，应符合下表中的规定。

波长/nm	235（最小）	257（最大）	313（最小）	350（最大）
吸收系数（$E_{1cm}^{1\%}$）的规定值	124.5	144.0	48.6	106.6
吸收系数（$E_{1cm}^{1\%}$）的许可范围	123.0~126.0	142.8~146.2	47.0~50.3	105.5~108.5

（3）杂散光的检查　用 1cm 石英比色皿，在规定波长 220nm 处测定碘化钠溶液（1.0%）的透光率，应符合规定要求（透光率＜0.8%）。

用 1cm 石英比色皿，在规定波长 340nm 处测定亚硝酸钠溶液（5.0%）的透光率，应符合规定要求（透光率＜0.8%）。

3. 吸收系数的测定

以硫酸溶液（0.05mol/L）为空白，在扑尔敏 $\lambda_{max}264nm$ 前后测若干个波长的吸光度，以吸光度 A 为纵坐标，以波长 λ 为横坐标，绘制 A-λ 吸收曲线，以吸光度最大的波长作为吸收峰波长。

以选定的吸收池盛空白溶液，用已测出校正值的另一吸收池盛样品溶液，在选定的吸收波长处分别测定标准溶液（Ⅰ）、（Ⅱ）的吸光度。减去空白校正值为实测吸光度值。

样品的吸收系数用下式计算：

$$E_{1cm\lambda max}^{1\%} = \frac{A}{cL}$$

式中　$E_{1cm\lambda max}^{1\%}$——在最大吸收波长处用 1cm 吸收池测定的吸收系数，L/(mol·cm)；

A——吸光度；

c——试液的浓度，mol/L；

L——吸收池厚度，cm。

　　要求标准溶液（Ⅰ）、（Ⅱ）的吸收系数差值应在 1% 以内。5 台不同型号紫外分光光度计上测定的同一溶液吸收系数的差值亦应在 1% 以内。

📝 注意事项

　　（1）所用分光光度计及天平、砝码、容量瓶、移液管都必须按鉴定标准经过校正，合乎规定标准的才能用于测定药品的吸收系数。

　　（2）待测药品必须重结晶数次或用其他方法提纯，使熔点敏锐、熔距短，在纸上或薄层色谱板上色谱分离时，无杂斑。药品应事先干燥至恒重（或测定干燥失重，在计算中扣除）。若样品未干燥至恒重，应扣除干燥失重，即样重＝称量值×（1－干燥失重%）。

　　（3）测定样品前，应先检查所用溶剂在测定样品所用波长附近是否有吸收（要求不得有干扰吸收峰）。用 1cm 石英吸收池盛溶剂，以空气为空白测定其吸光度。溶剂和吸收池的吸光度，在 220～240nm 范围不得超过 0.40，在 241～250nm 范围不得超过 0.20，在 251～300nm 范围不得超过 0.10，在 300nm 以上时不得超过 0.050。

　　（4）将浓溶液稀释 1 倍时，应用同一批号溶剂稀释。

　　（5）如遇易分解破坏的样品，在保存时应考虑密封充氮熔封。

五、思考题

　　1. 测定药品吸收系数时，先配制某一浓度的溶液测其吸收度，然后稀释 1 倍后再测其吸收度。根据浓、稀两溶液吸光度换算所得吸收系数的差值不得大于 1%，为什么？

　　2. 吸收系数值在什么条件下才能成为一个普遍运用的物理常数？要使用吸收系数作为测定的依据，需要哪些实验条件？

　　3. 确定一个药品的吸收系数为什么要有这么多的要求？它的测定和使用涉及哪些主要因素？

实验七

维生素B₁片剂含量的测定
（差示分光光度法）

一、实验目的

　　掌握差示分光光度法测定药品成分含量的原理和方法。

二、方法原理

差示分光光度法（简称 ΔA 法），既保留了通常的分光光度法简易快速、直接读数的优点，又不需事先分离，并能消除干扰。其原理为两份相同供试溶液经过不同处理后，供试品中待测组分发生了特征性的光谱变化，其他共存物则不受影响，光谱行为不发生变化，从而消除了它们的干扰。在测定时，取两份相同的供试溶液，经不同的处理（如调节不同的 pH 或加入不同的反应试剂）后，一份置样品池中，另一份置参比池中，于适当的波长处，测其吸光度的差值（ΔA 值），根据标准曲线计算出组分的含量。

三、试剂、试样与仪器

1. 试剂

（1）缓冲液（pH 7.0）   称取磷酸二氢钾 0.68g，溶于 29.1mL 氢氧化钠溶液中（0.1mol/L），用水稀释至 100mL。

（2）盐酸溶液（pH 2.0）   取盐酸 9mL，加水稀释成 100mL。取 10mL，加水稀释成 1000mL。

（3）维生素 B_1（对照品）。

2. 试样

市售维生素 B_1 片。

3. 仪器

（1）电子分析天平。

（2）紫外分光光度计。

四、实验内容与步骤

1. 测定波长的选择

精密称取维生素 B_1 100mg，用水溶解并稀释成 100mL。精密量取 2.0mL 两份，分别用缓冲液（pH7.0）和盐酸溶液（pH2.0）稀释成 100mL（浓度为 0.002%）。将前者放于参比池，后者放于样品池中，测定吸光度。以吸光度为纵坐标，以波长为横坐标绘制差示吸收光谱。确定最大差示吸收值（ΔA）处的波长。

2. 标准曲线绘制

称取干燥至恒重的维生素 B_1 100mg，于 100mL 量瓶中，用水溶解并稀释至刻度，摇匀，作为贮备液。量取 1.00mL、1.50mL、2.00mL、2.50mL、3.00mL 贮备液，分别置于 100mL 容量瓶中，用缓冲液（pH7.0）稀释至刻度。另量取 1.00mL、1.50mL、2.00mL、2.50mL、3.00mL 贮备液，分别置于 100mL 容量瓶中，用盐酸溶液（pH2.0）稀释至刻度，摇匀。取浓度相同、pH 不同的溶液，在 247nm 处分别测定差示吸收值（ΔA）。以差示吸收值 ΔA 为纵坐标，以维生素 B_1 含量为横坐标，绘制标准曲线。

3. 样品的测定

取 20 片样品研细，称取适量（约相当于维生素 B_1 50mg）样品粉末（精确至 0.0001g），置于 50mL 容量瓶中，加水溶解并稀释至标线，摇匀。过滤，弃去初滤液。量取续滤液 2.00mL 两份，分别置于 100mL 容量瓶中，分别用缓冲溶液（pH7.0）和盐酸溶液

二、方法原理

酊剂系指将原料药物用规定浓度的乙醇提取或溶解而制成的澄清液体制剂，也可用流浸膏稀释制成。采用气相色谱法测定酊剂中在 20℃时乙醇的含量。分为毛细管柱法和填充柱法。

采用内标法定量，FID 检测器监测，根据对照品溶液中正丙醇（内标物）和乙醇的浓度、峰面积，供试品溶液中正丙醇（内标物）的浓度和峰面积，以及供试品溶液中乙醇的峰面积。计算样品中乙醇的浓度。

三、试剂、试样与仪器

1. 试剂

（1）无水乙醇（C_2H_5OH，b. p. 78℃，优级纯）。

（2）无水正丙醇（$CH_3CH_2CH_2OH$，b. p. 97℃，优级纯）。

2. 试样

市售大黄酊。

3. 仪器

（1）岛津 GC-14A 型气相色谱仪。

（2）C-R6A 型色谱微处理机

（3）$1\mu L$ 微量注射器。

四、实验内容与步骤

1. 毛细管柱法

（1）色谱参考条件　采用氰丙基苯基（6%）-二甲基聚硅氧烷（94%）为固定液的毛细管柱，规格为 $30m \times 0.53mm \times 3.00\mu m$；起始温度为 40℃，维持 2min，以每分钟 3℃的速度升温至 65℃，再以每分钟 25℃的速度升温至 200℃，维持 10min；进样口温度 200℃；检测器（FID）温度 220℃。采用顶空分流进样，分流比为 1∶1；顶空瓶平衡温度 85℃，平衡时间 20min。理论板数按乙醇峰计算应不低于 10000，乙醇峰与正丙醇峰的分离度应大于 2.0。

（2）溶液配制

① 对照品溶液　量取恒温至 20℃的无水乙醇 5.00mL，置于 100mL 容量瓶中，加入恒温至 20℃的正丙醇（内标物质）5.00mL，用水稀释至标线，摇匀。量取该溶液 1.00mL，置于 100mL 容量瓶中，用水稀释至标线，摇匀。

② 供试品溶液　量取恒温至 20℃的供试品 10.00mL，置于 100mL 容量瓶中，加入恒温至 20℃的正丙醇 5.00mL，用水稀释至标线，摇匀，量取该溶液 1.00mL，置于 100mL 容量瓶中，用水稀释至刻度，摇匀。

（3）测定　量取 3.00mL 对照品溶液，置于 10mL 顶空进样瓶中，密封，顶空进样，每份对照品溶液进样 3 次，测定峰面积，计算平均校正因子，所得校正因子的相对标准偏差不得大于 2.0%。

量取 3.00mL 供试品溶液，置于 10mL 顶空进样瓶中，密封，顶空进样，测定峰面积。

样品中乙醇含量按下式计算：

$$\rho_{x} = \frac{A_s/\rho_s}{A_R/\rho_R} \times \frac{A_x}{A_s'/\rho_s'}$$

式中　ρ_x——样品中乙醇浓度，mg/L；

　　　ρ_s——对照品溶液中正丙醇（内标物）的浓度，mg/L；

　　　ρ_R——对照品溶液中乙醇（对照品）的浓度，mg/L；

　　　ρ_s'——供试品溶液中正丙醇（内标物）的浓度，mg/L；

　　　A_s——对照品溶液中正丙醇（内标物）的峰面积；

　　　A_R——对照品溶液中乙醇（对照品）的峰面积；

　　　A_x——供试品溶液中乙醇的峰面积；

　　　A_s'——供试品溶液中正丙醇（内标物）的峰面积。

2. 填充柱法

（1）色谱参考条件　10% PEG-20M 填充柱，102 白色担体；柱温 92℃，气化室温度 180℃，检测器（FID）温度 200℃；N_2 载气。理论板数按正丙醇峰计算应不低于 700，乙醇峰与正丙醇峰的分离度应大于 2.0。

> **注**
>
> 　　也可用直径为 0.18～0.25mm 的二乙烯苯-乙基乙烯苯型高分子多孔小球作为载体，柱温 120～150℃。

（2）校正因子测定　量取恒温至 20℃的无水乙醇 4.00mL、5.00mL、6.00mL，分别置于 100mL 容量瓶中，分别加入恒温至 20℃的正丙醇（内标物质）5.00mL，用水稀释至刻度，摇匀（必要时可进一步稀释）。取上述三种溶液各适量，注入气相色谱仪，分别连续进样 3 次，测定峰面积。按下式计算校正因子：

$$f = \frac{A_s/\rho_s}{A_R/\rho_R}$$

式中　f——校正因子；

　　　A_s——对照品溶液中正丙醇（内标物）的峰面积；

　　　A_R——对照品溶液中乙醇（对照品）的峰面积；

　　　ρ_s——对照品溶液中正丙醇（内标物）的浓度；

　　　ρ_R——对照品溶液中乙醇（对照品）的浓度；

（3）样品测定　量取恒温至 20℃的供试品溶液 10.00mL（相当于乙醇约 5mL），置于 100mL 容量瓶中，加入恒温至 20℃的正丙醇 5mL，用水稀释至刻度，摇匀（必要时可进一步稀释）。在选定的仪器操作条件下，将标准溶液与试样溶液分别进样约 0.5μL，测定峰面积。

样品中乙醇含量按下式计算：

$$\rho_x = f \times \frac{A_x}{A_s'/\rho_s'}$$

式中　ρ_x——样品中乙醇浓度，mg/L；

　　　f——校正因子；

　　　A_x——供试品溶液中乙醇的峰面积；

　　　ρ_s'——供试品溶液中正丙醇（内标物）的浓度，mg/L；

第九章 工业用水分析

工业循环冷却水中钙、镁离子的测定
（EDTA配位滴定法）

一、实验目的

掌握 EDTA 配位滴定法测定工业循环冷却水中钙、镁离子的原理和方法。

二、方法原理

钙离子的测定是用氢氧化钠溶液调节水样的 pH 为 12～13 时，使水中镁离子生成氢氧化镁沉淀。加入钙指示剂，用 EDTA 标准溶液滴定水样中的钙离子。溶液由酒红色变为纯蓝色即为终点，根据消耗 EDTA 溶液的体积和浓度即可算出水样中钙离子的含量。

镁离子的测定是以氨-氯化铵缓冲溶液控制溶液 pH 为 10，以铬黑 T 为指示剂，用 EDTA 标准溶液滴定水样中的钙、镁离子总量，溶液由酒红色变为纯蓝色为终点。由钙、镁离子总量减去钙离子含量即为镁离子含量。

三、试剂、试样与仪器

1. 试剂

（1）盐酸溶液（1+1）。

（2）硫酸溶液（1+1）。

（3）氨水（$NH_3 \cdot H_2O$，25%～28%，0.90～0.91g/mL）；氨水（1+1）。

（4）碳酸钙（$CaCO_3$，基准试剂）。

（5）乙二胺四乙酸二钠（$C_{10}H_{14}N_2Na_2O_8 \cdot 2H_2O$，分析纯）。

（6）氯化钠（NaCl）。

（7）氢氧化钠溶液（50g/L）。

（8）无水乙醇 [C_2H_5OH，99.5%（体积分数）]。

（9）三乙醇胺溶液（1+2）。

（10）过硫酸钾溶液（5mol/L）。

（11）氨-氯化铵缓冲溶液（pH=10）　取 67.5g 的氯化铵溶于 200mL 水中，加入 570mL 的氨水，用水稀释至 1L。

（12）铬黑 T 指示剂溶液　溶解 0.5g 铬黑 T 于 85mL 三乙醇胺溶液中，再加入 15mL 乙醇。

（13）钙指示剂　0.2g 钙羧酸指示剂 [3-羟基-4-(2-羟基-4-磺基-1-萘基偶氮) 萘-2-羧酸] 与 100g 氯化钠混合研磨均匀，盛放于磨口瓶中。

2. 试样

取自工业循环冷却水水样。

3. 仪器

（1）电子分析天平。

（2）滴定分析常用玻璃仪器。

四、实验内容和步骤

1. 0.01mol/L EDTA 标准溶液的配制和标定

称取 1.8g 乙二胺四乙酸二钠盐，溶于 500mL 水中。

称取 110℃ 干燥过的碳酸钙（$CaCO_3$）0.2~0.3g（精确至 0.0001g），于 100mL 烧杯中，用少量水润湿，盖上表面皿，滴加盐酸溶液（1+1），至碳酸钙全部溶解，转移至 250mL 容量瓶中，稀释至标线。

移取 25.00mL Ca^{2+} 标准溶液，加氢氧化钠溶液（50g/L）调 pH 为 12~13，加适量钙指示剂，用 EDTA 标准溶液滴定，当溶液由酒红色变为纯蓝色即为终点。

2. 钙、镁总量的测定

准确吸取 50.00mL 经过滤后的水样于 250mL 锥形瓶中，加入 1mL 硫酸溶液（1+1）和 5mL 过硫酸钾溶液，加热煮沸至近干，冷却至室温，加 50mL 水和 3mL 三乙醇胺溶液，用氢氧化钠溶液调节至近中性，加 5mL 氨-氯化铵缓冲溶液，2~3 滴铬黑 T 指示剂溶液，用 EDTA 标准溶液滴定，当溶液由酒红色变为纯蓝色即为终点。平行测定三份。

3. 钙离子的测定

准确吸取 50.00mL 经过滤后的水样于 250mL 锥形瓶中，加入 1mL 硫酸溶液（1+1）和 5mL 过硫酸钾溶液，加热煮沸至近干，冷却至室温，加 50mL 水、3mL 三乙醇胺溶液、7mL 氢氧化钠溶液（调 pH 为 12~13），加适量钙指示剂，用 EDTA 标准溶液滴定，当溶液由酒红色变为纯蓝色即为终点。用同样方法平行测定三份。

水样中镁离子、钙离子分别按照下式计算：

$$\rho(\text{Mg}) = \frac{c(V_1 - V_2)M(\text{Mg})}{V}$$

$$\rho(\text{Ca}) = \frac{cV_2 M(\text{Ca})}{V}$$

式中　$\rho(\text{Mg})$——水样中镁的含量，mg/L；

$\quad\quad \rho(\text{Ca})$——水样中钙的含量，mg/L；

$\quad\quad c$——EDTA 溶液的浓度，mol/L；

$\quad\quad V_1$——测定钙镁总量时消耗 EDTA 标准溶液的体积，mL；

$\quad\quad V_2$——测定钙离子时消耗 EDTA 标准溶液的体积，mL；

$\quad\quad V$——水样的体积，L；

$\quad\quad M(\text{Mg})$——镁的摩尔质量，g/mol；

$\quad\quad M(\text{Ca})$——钙的摩尔质量，g/mol。

注意事项

　　采用氧化锌基准物标定 EDTA 标准溶液操作　称取 110℃ 干燥过的氧化锌 0.2～0.25g（精确至 0.0001g），置于 100mL 烧杯中，加入 2mL 硫酸（1＋1），盖上表面皿，必要时稍微温热，使氧化锌完全溶解，转移至 250mL 容量瓶中，稀释至标线。移取 25.00mL Zn^{2+} 标准溶液置于 250mL 锥形瓶中，逐滴加入氨水（1＋1），不断摇动直至开始出现白色 $Zn(OH)_2$ 沉淀。再加入 5mL 的氨-氯化铵缓冲溶液（pH＝10）、50mL 蒸馏水和 3 滴铬黑 T 试剂，用 EDTA 标准溶液滴定至溶液由酒红色变为纯蓝色即为终点。

五、数据记录与处理

1. 0.01mol/L EDTA 溶液的标定

序号	1	2	3
基准物碳酸钙的质量/g			
滴定管初读数/mL			
滴定管终读数/mL			
消耗 EDTA 溶液的体积/mL			
EDTA 溶液的浓度/(mol/L)			
EDTA 溶液的浓度平均值/(mol/L)			
相对平均偏差			

2. 水样中钙离子的测定

序号	1	2	3
水样的体积/L			
滴定管初读数/mL			
滴定管终读数/mL			
消耗 EDTA 溶液的体积/mL			
水样中钙离子的含量/(mg/L)			
水样中钙离子的含量平均值/(mg/L)			

3. 水样中镁离子的测定

序号	1	2	3
水样的体积/L			
滴定管初读数/mL			
滴定管终读数/mL			
滴定钙镁总量消耗 EDTA 溶液的体积/mL			
水样中镁离子的含量/(mg/L)			
水样中镁离子的含量平均值/(mg/L)			

六、思考题

1. 测定样品时，加入 1mL 硫酸溶液（1＋1）和 5mL 过硫酸钾溶液，加热煮沸至近干的目的是什么？

2. 测定样品时，加入三乙醇胺溶液的作用是什么？

实验二

锅炉用水和冷却水中铁含量的测定
（邻菲啰啉分光光度法）

一、实验目的

掌握邻菲啰啉分光光度法测定锅炉用水和冷却水中铁含量的原理和方法。

二、方法原理

在弱酸性条件下，水样中的二价铁离子与 1,10-菲啰啉生成红色配合物，用正丁醇萃取，在波长 510nm 处测定吸光度。

三、试剂、试样与仪器

1. 试剂

(1) 硫酸（H_2SO_4，98%，1.84g/mL）；硫酸溶液（1＋3）。

(2) 盐酸（HCl，36%～37%，1.18～1.19g/mL）。

(3) 冰乙酸（CH_3COOH，70%～72%，1.60g/mL）。

(4) 过硫酸钾溶液（40g/L）。

(5) 盐酸羟胺溶液（100g/L）。

(6) 1,10-菲啰啉溶液（5g/L） 溶解 0.5g 1,10-菲啰啉氯化物（$C_{12}H_9ClN_2 \cdot H_2O$）于水中，稀释至 100mL。

(7) 乙酸铵缓冲溶液（pH 3.5～5.5） 溶解 40g 乙酸铵和 50mL 冰乙酸于水中并稀释至 100mL。

(8) 铁标准贮备液（100mg/L） 称取 25mg（精确至 0.0001g）铁丝（纯度不小于 99.99%）于 100mL 烧杯中，加 20mL 水和 5mL 盐酸，加热使其缓慢溶解，冷却后转移至 250mL 容量瓶中，定容至标线，摇匀。

(9) 铁标准使用溶液（0.2mg/L）。

2. 试样

取自循环冷却水系统或锅炉水水样。

3. 仪器

(1) 电子分析天平。

(2) 可见分光光度计。

四、实验内容和步骤

1. 总铁的测定

取 50.00mL 酸化至 pH≤1.0 后的水样（未过滤），加 5mL 过硫酸钾溶液，微沸 40min，剩余体积不少于 20mL，冷却后转移至 50mL 比色管中，加 1mL 盐酸羟胺溶液，10mL 乙酸铵缓冲溶液，2mL 1,10-菲啰啉溶液，定容至标线，摇匀，放置 15min。在波长 510nm 处，以空白溶液为参比测定吸光度。

2. 总可溶性铁的测定

采样后立即过滤，再酸化至 pH≤1.0。取 25.00mL 水样于 50mL 比色管中，加 1mL 盐酸羟胺溶液，10mL 乙酸铵缓冲溶液，2mL 1,10-菲啰啉溶液，定容至标线，摇匀，放置 15min。在波长 510nm 处，以空白溶液为参比测定吸光度。

3. 可溶性铁（Ⅱ）的测定

用溶解氧瓶采样，使水样完全充满，避免与空气接触，并加 1mL 硫酸酸化。取 25.00mL 水样于 50mL 比色管中，加 10mL 乙酸铵缓冲溶液，2mL 1,10-菲啰啉溶液，定容至标线，摇匀，放置 15min。在波长 510nm 处，以空白溶液为参比测定吸光度。

4. 标准曲线绘制

准确移取一定体积的铁标准使用溶液于 50mL 比色管中，配成不同铁含量的标准系列。分别加 1mL 盐酸羟胺溶液，10mL 乙酸铵缓冲溶液，2mL 1,10-菲啰啉溶液，定容至标线，摇匀，放置 15min。在波长 510nm 处，以空白溶液为参比测定吸光度。以吸光度 A 为纵坐标，以铁含量为横坐标绘制标准曲线。

水样中铁（以 Fe 计）的含量按下式计算：

$$\rho\,(\mathrm{Fe}) = \frac{(A-a)f}{bV}$$

式中　$\rho\,(\mathrm{Fe})$——水样中铁的含量，mg/L；

$\quad\quad$ A——样品的吸光度；

$\quad\quad$ a——校准曲线的截距；

$\quad\quad$ b——校准曲线的斜率；

$\quad\quad$ V——所取水样的体积，L；

$\quad\quad$ f——水样的稀释倍数。

📝 **注意事项**

（1）取样后用硫酸酸化，100mL 水样加 1mL 硫酸可使水样酸化至 pH≤1.0。

（2）除乙酸铵缓冲溶液（pH 3.5～5.5）外，还可以使用乙酸-乙酸钠缓冲溶液。

五、数据记录与处理

1. 标准曲线绘制

序号	0	1	2	3	4	5
铁标准工作液的体积/mL						
铁含量/mg						

续表

序号	0	1	2	3	4	5
吸光度						
线性回归方程						
线性相关性系数						

2. 水样的测定

序号	1	2	3
水样的体积/mL			
水样的吸光度			
水样中铁的含量/(mg/L)			
水样中铁的含量平均值/(mg/L)			

六、思考题

1. 在测定总铁和标准曲线绘制时均要加盐酸羟胺，而测定可溶性铁（Ⅱ）时不加盐酸羟胺，为什么？

2. 配制铁标准溶液时，除了采用纯铁丝（纯度不小于 99.99%）外，还可以采用什么物质？

实验三

工业循环冷却水中钼酸盐含量的测定
（硫氰酸盐分光光度法）

一、实验目的

掌握硫氰酸盐分光光度法测定工业循环冷却水中钼酸盐含量的原理和方法。

二、方法原理

采用抗坏血酸将水样中的钼酸盐还原为 Mo^{3+}，在酸性条件下，Mo^{3+} 与硫氰酸盐生成橙色的配合物，在波长 460nm 处测定吸光度。

三、试剂、试样与仪器

1. 试剂

（1）硫酸溶液（1+1）。

（2）亚铁离子溶液（5g/L）　称取 3.51g 硫酸亚铁铵 [$(NH_4)_2Fe(SO_4)_2 \cdot 6H_2O$] 于 100mL 烧杯中，加 50mL 水，缓慢加入 5mL 硫酸溶液（1+1），搅拌使其溶解，稀释至 100mL。

（3）抗坏血酸溶液（100g/L）。

（4）硫氰酸铵酸溶液（100g/L）。

（5）钼酸盐标准贮备液（MoO_4^{2-}，1.00mg/mL）　称取 0.7565g（精确至 0.0001g）钼

酸钠（$Na_2MoO_4 \cdot 2H_2O$）于 200mL 烧杯中，用 200mL 水溶解，转移至 500mL 容量瓶中，定容至标线，摇匀。

（6）钼酸盐标准工作液（MoO_4^{2-}，0.100mg/mL）。

2. 试样

取自循环冷却水系统或锅炉水水样。

3. 仪器

（1）电子分析天平。

（2）可见分光光度计。

四、实验内容和步骤

1. 标准曲线绘制

准确移取 0.00、0.50mL、1.00mL、2.00mL、3.00mL、4.00mL 和 5.00mL 钼酸盐标准工作液于 50mL 比色管中，分别加 5mL 硫酸溶液（1+1），1mL 亚铁溶液，10mL 硫氰酸铵溶液，1mL 抗坏血酸溶液，定容至标线，摇匀，放置 15min。在波长 460nm 处，以空白溶液为参比测定吸光度。以吸光度 A 为纵坐标，以钼酸根（MoO_4^{2-}）含量为横坐标绘制标准曲线。

2. 水样测定

准确移取 25.00mL 水样于 50mL 比色管中，加 5mL 硫酸溶液（1+1），1mL 亚铁溶液，10mL 硫氰酸铵溶液，1mL 抗坏血酸溶液，定容至标线，摇匀，放置 15min。在波长 460nm 处，以空白溶液为参比测定吸光度。

水样中钼酸根（MoO_4^{2-}）含量按下式计算：

$$\rho = \frac{(A-a)f}{bV}$$

式中　ρ——水样中钼酸根（MoO_4^{2-}）的含量，mg/L；

A——样品的吸光度；

a——校准曲线的截距；

b——校准曲线的斜率；

V——所取水样的体积，mL；

f——水样的稀释倍数。

五、数据记录与处理

1. 标准曲线绘制

序号	0	1	2	3	4	5	6
钼酸盐标准工作液的体积/mL	0.00	0.50	1.00	2.00	3.00	4.00	5.00
钼酸根（MoO_4^{2-}）的含量/mg	0.00	0.050	0.10	0.20	0.30	0.40	0.50
吸光度							
线性回归方程							
线性相关性系数							

2. 水样的测定

序号	1	2	3
水样的体积/mL			
水样的吸光度			
水样中钼酸根（MoO_4^{2-}）的含量/(mg/L)			
水样中钼酸根（MoO_4^{2-}）的含量平均值/(mg/L)			

六、思考题

硫氰酸盐分光光度法测定工业循环冷却水中钼酸盐含量时，若溶液中有 Fe^{3+}，对测定是否有影响？若有影响应怎样消除？

实验四

锅炉用水和冷却水中亚硝酸盐的测定
（盐酸萘乙二胺分光光度法）

一、实验目的

掌握盐酸萘乙二胺分光光度法测定锅炉用水和冷却水中亚硝酸盐的原理和方法。

二、方法原理

在 pH 1.9 和磷酸存在下，亚硝酸根与 4-氨基苯磺酰胺反应生成重氮盐，再与盐酸萘乙二胺反应生成红色的偶氮染料，在波长 540nm 处测定吸光度。

三、试剂、试样与仪器

1. 试剂

（1）磷酸（H_3PO_4，85%，1.68g/mL）；磷酸溶液（1+9）。

（2）盐酸萘乙二胺（$C_{10}H_7$-NH-$CH_2NH_2 \cdot 2HCl$）。

（3）4-氨基苯磺酰胺（$NH_2C_6H_4SO_2NH_3$）。

（4）显色剂　称取 40g 4-氨基苯磺酰胺溶于 100mL 磷酸和 500mL 水的混合溶液中，加入 2g 盐酸萘乙二胺，溶解，混匀，转移至 100mL 容量瓶中，用水稀释至标线，摇匀。

（5）亚硝酸盐标准贮备液（NO_2^-，500mg/L）。

（6）亚硝酸盐标准工作液（NO_2^-，5.00μg/mL）。

2. 试样

样品采集于玻璃瓶中。

3. 仪器

（1）电子分析天平。

（2）可见分光光度计。

四、实验内容与步骤

1. 标准曲线绘制

分别量取 0.00、0.50mL、1.00mL、2.00mL、5.00mL、7.00mL 和 10.00mL 亚硝酸盐标准工作液于 25mL 具塞比色管中，加入 1mL 显色剂溶液，加磷酸溶液（1＋9）至标线，混匀，放置 20min。用 1cm 比色皿，以水为参比，在波长 540nm 处测定吸光度。以吸光度为纵坐标，以亚硝酸盐含量为横坐标绘制标准曲线。

2. 样品测定

移取适量样品于 25mL 具塞比色管中，加入 1mL 显色剂溶液，加磷酸溶液（1＋9）至标线，混匀，放置 20min。用 1cm 比色皿，以水为参比，在波长 540nm 处测定吸光度。同时进行空白实验。

样品中亚硝酸盐含量（以 NO_2^- 计）按下式计算：

$$\rho(NO_2^-)=\frac{(A_s-A_b-a)f}{bV}$$

式中 $\rho(NO_2^-)$——水样中亚硝酸盐（以 NO_2^- 计）的含量，mg/L；

A_s——样品的吸光度；

A_b——空白试验的吸光度；

a——校准曲线的截距；

b——校准曲线的斜率；

V——所取水样的体积，mL；

f——水样的稀释倍数。

五、数据记录与处理

1. 标准曲线绘制

序号	0	1	2	3	4	5	6
亚硝酸盐标准工作液的体积/mL	0.00	0.50	1.00	2.00	5.00	7.00	10.00
亚硝酸盐（以 NO_2^- 计）的含量/μg	0.00	2.50	5.00	10.0	25.0	35.0	50.0
吸光度							
线性回归方程							
线性相关性系数							

2. 水样的测定

序号	1	2	3
水样的体积/mL			
水样的吸光度 A_s			
空白试验 A_b			
亚硝酸盐（以 NO_2^- 计）的含量/(mg/L)			
亚硝酸盐（以 NO_2^- 计）的含量平均值/(mg/L)			

六、思考题

盐酸萘乙二胺分光光度法测定锅炉用水和冷却水中亚硝酸盐，若水样中存在硝酸盐对测定是否有影响？

实验五

锅炉用水和冷却水中氯离子的测定
（莫尔法）

一、实验目的

掌握沉淀滴定法（莫尔法）测定锅炉用水和冷却水中氯离子的原理和方法。

二、方法原理

以铬酸钾为指示剂，在 pH 5.0～9.5 范围内，用硝酸银标准溶液滴定，氯离子与硝酸银反应生成白色沉淀，当有砖红色铬酸银沉淀生成时，即为滴定终点。相关反应式为：

$$Ag^+ + Cl^- =\!= AgCl\downarrow （白色）$$
$$2Ag^+ + CrO_4^{2-} =\!= Ag_2CrO_4\downarrow （砖红色）$$

三、试剂、试样与仪器

1. 试剂

（1）氯化钠（NaCl，基准试剂）。
（2）硝酸溶液（1+300）。
（3）氢氧化钠溶液（2g/L）。
（4）硝酸银溶液（0.01mol/L）。
（5）铬酸钾溶液（50g/L）。
（6）酚酞指示剂（2.0g/L）。

2. 试样

样品采集于玻璃瓶中。

3. 仪器

（1）电子分析天平。
（2）50mL 棕色滴定管。

四、实验内容与步骤

1. 0.01mol/L 硝酸银溶液标定

称取 0.15g 氯化钠（精确至 0.0001g）于 100mL 烧杯中加水溶解，转移至 250mL 容量瓶中，用水稀释至标线，摇匀。

移取 25.00mL 氯化钠标准溶液于 250mL 锥形瓶中，加入 1mL 铬酸钾指示剂，在不断摇动情况下，用硝酸银标准溶液滴定至砖红色出现即为终点。同时进行空白实验。

2. 水样测定

取适量体积水样于 250mL 锥形瓶中，加入 2 滴酚酞指示剂，用氢氧化钠溶液和硝酸溶液调节 pH，使红色刚好变为无色。

加入 1mL 铬酸钾指示剂，在不断摇动情况下，用硝酸银标准溶液滴定至砖红色出现即为终点。同时进行空白实验。

水样中氯离子含量（以 Cl 计）用下式计算：

$$\rho(\text{Cl}^-) = \frac{c(V_1 - V_0)M(\text{Cl})}{V} \times 10^3$$

式中　$\rho(\text{Cl}^-)$——水样中氯离子（以 Cl 计）的含量，mg/L；

$\quad\quad c$——硝酸银标准溶液的浓度，mol/L；

$\quad\quad V_0$——空白试验消耗硝酸银标准溶液的体积，mL；

$\quad\quad V_1$——水样消耗硝酸银标准溶液的体积，mL；

$\quad\quad V$——水样的体积，mL；

$\quad M(\text{Cl})$——氯原子的摩尔质量，g/mol。

五、思考题

1. 溶液酸度对测定有何影响？

2. 铬酸钾指示剂的用量多少对测定结果是否有影响？为什么？

实验六

锅炉用水和冷却水中氯离子的测定
（电位滴定法）

一、实验目的

掌握电位滴定法测定锅炉用水和冷却水中氯离子的原理和方法。

二、方法原理

以饱和甘汞电极为参比电极，以银电极为指示电极组成一个工作电池，用硝酸银标准溶液滴定，随着硝酸银标准溶液的加入，氯离子浓度不断减少，因而指示电极的电位相应的发生变化，在化学计量点附近离子浓度发生突跃，引起指示电极电位突跃。采用 $\Delta E/\Delta V\text{-}V$ 曲线法确定终点，即以 $\Delta E/\Delta V$ 为纵坐标，以滴定剂的体积 V 为横坐标，绘制 $\Delta E/\Delta V\text{-}V$ 曲线，极值点对应的体积即为滴定终点时硝酸银滴定剂的体积。

三、试剂、试样与仪器

1. 试剂

（1）氯化钠（NaCl，基准试剂）。

（2）硝酸溶液（1+3）。

（3）氢氧化钠溶液（2g/L）。

(4) 硝酸银溶液（0.01mol/L）。

(5) 酚酞指示剂（2.0g/L）。

2. 试样

样品采集于玻璃瓶中。

3. 仪器

(1) 电子分析天平。

(2) 电位滴定计。

(3) 饱和甘汞电极。

(4) 银电极。

四、实验内容与步骤

1. 0.01mol/L 硝酸银溶液的标定

称取 0.15g 氯化钠（精确至 0.0001g）于 100mL 烧杯中加水溶解，转移至 250mL 容量瓶中，用水稀释至标线，摇匀。

移取 25.00mL 氯化钠标准溶液于 250mL 烧杯中，放入搅拌子，将烧杯置于电磁搅拌器上，将电极插入烧杯中，开动搅拌器，用硝酸银标准溶液滴定至终点电位（400mV 左右）。同时进行空白实验。

2. 水样测定

取适量体积水样于 250mL 烧杯中，加入 2 滴酚酞指示剂，用氢氧化钠溶液和硝酸溶液调节 pH，使红色刚好变为无色。放入搅拌子，将烧杯置于电磁搅拌器上，将电极插入烧杯中，开动搅拌器，用硝酸银标准溶液滴定至终点电位。同时进行空白实验。

水样中氯离子含量（以 Cl 计）用下式计算：

$$\rho(Cl^-) = \frac{c(V_1 - V_0)M(Cl)}{V} \times 10^3$$

式中　$\rho(Cl^-)$——水样中氯离子（以 Cl 计）的含量，mg/L；

　　　c——硝酸银标准溶液的浓度，mol/L；

　　　V_0——空白试验消耗硝酸银标准溶液的体积，mL；

　　　V_1——水样消耗硝酸银标准溶液的体积，mL；

　　　V——水样的体积，mL；

　　　$M(Cl)$——氯原子的摩尔质量，g/mol。

注意事项

双盐桥内饱和甘汞电极应装有一定高度的饱和 KCl 溶液，液体下不能有气泡，陶瓷芯应保持通畅，用橡皮筋将装有硝酸钾的外套管与参比电极连接好。

五、数据记录与处理

滴定终点的确定

V/mL	ΔV/mL	E	ΔE	ΔE/ΔV

六、思考题

1. 电位滴定法确定滴定终点的方法有哪几种？

2. 与化学分析中的容量法相比，电位滴定法的特点是什么？

第十章 | 环境分析

实验一

实验基本操作练习

一、实验目的

掌握滴定分析玻璃仪器的使用方法，能够规范地进行操作。

二、试剂与仪器

1. 试剂

（1）氢氧化钠溶液（0.1mol/L）。

（2）盐酸溶液（0.1mol/L）。

（3）酚酞指示剂溶液（2.0g/L）。

（4）甲基橙指示剂溶液（1g/L）。

（5）碳酸钠（Na_2CO_3）。

（6）去污粉。

2. 仪器

（1）容量瓶（250mL）。

（2）移液管（25mL）。

（3）滴定管（50mL）。

（4）洗耳球。

三、实验内容与步骤

1. 玻璃仪器的洗涤

将实验所用到的烧杯、容量瓶、滴定管、移液管等玻璃仪器洗涤干净。

2. 称量操作练习

用称量瓶称量 0.2~0.3g 无水碳酸钠于小烧杯中。

3. 容量瓶的使用

将称量的碳酸钠溶解后，转移至 250mL 容量瓶中，洗涤烧杯 3~4 次，洗涤液全部转移至容量瓶中，定容至刻度，摇匀。

4. 移液操作练习

用 25mL 移液管移取自来水，放入 250mL 容量瓶中，移取 10 次，观察容量瓶标线。

5. 滴定操作练习

（1）碱滴酸练习　在两支滴定管中分别装入 0.1mol/L 盐酸和 0.1mol/L 氢氧化钠溶液，调至零刻度线以下，放入 20mL 0.1mol/L 盐酸于 250mL 锥形瓶中，加入 2 滴酚酞指示剂溶液，用 0.1mol/L 氢氧化钠溶液滴定至淡粉红色。若终点颜色太深，则加入 2 滴盐酸溶液，再用 0.1mol/L 氢氧化钠溶液滴定，直至溶液颜色为淡粉红色。记录滴定管初、终读数，计算盐酸和氢氧化钠溶液的体积比。平行测定 3 次。

（2）酸滴碱练习　在两支滴定管中分别装入 0.1mol/L 盐酸溶液和 0.1mol/L 氢氧化钠溶液，调至零刻度线以下，放入 20mL 0.1mol/L 氢氧化钠溶液于 250mL 锥形瓶中，加入 2 滴甲基橙指示剂溶液，用 0.1mol/L 盐酸滴定至橙色。若终点颜色太红，则加入 2 滴氢氧化钠溶液，再用 0.1mol/L 盐酸滴定，直至溶液颜色为橙色。记录滴定管初、终读数，计算盐酸和氢氧化钠溶液的体积比。平行测定 3 次。

注意事项

（1）需要准确计量体积时要使用量具。实验室常见的量具分为量出式和量入式两种。量出式量具主要有量筒、移液管、滴定管等，量入式量具主要为容量瓶。量具上一般均标有量出式符号"Ex"（或量入式符号"In"）、标称温度（一般为20℃）、标称体积、仪器的等级和产品商标等。

（2）移液管的使用。移液管是一种量出式仪器，只用来测量它所放出溶液的体积。它是一根中间有一膨大部分的细长玻璃管。其下端为尖嘴状，上端管颈处刻有一条标线，是所移取的准确体积的标志。常用的移液管有 5mL、10mL、25mL 和 50mL 等规格。通常又把具有刻度的直形玻璃管称为吸量管。常用的吸量管有 1mL、2mL、5mL 和 10mL 等规格。移液管和吸量管所移取的体积通常可准确到 0.01mL。

使用移液管前，应先用铬酸洗液润洗，以除去管内壁的油污。然后用自来水冲洗残留的洗液，再用蒸馏水洗净。洗净后的移液管内壁应不挂水珠。移取溶液前，应先用滤纸将移液管末端内外的水吸干，然后用欲移取的溶液润洗管壁 2~3 次，以确保所移取溶液的浓度不变。

吸液时用右手的拇指和中指捏住移液管的上端，将管的下口插入欲吸取的溶液中，插入不要太浅或太深，一般为 1~2cm 处。左手拿洗耳球，先把球中空气压出，再将球的尖嘴接在移液管上口，慢慢松开压扁的洗耳球使溶液吸入管内（如图 10-1 所示），先吸入该管容量的 1/3 左右，用右手的食指按住管口，取出，横持，并转动管子使溶液接触到刻度以上部位，以置换内壁的水分，然后将溶液从管的下口放出并弃去，如此用反复洗 3 次后，即可吸取溶液至刻度以上，立即用右手的食指按住管口。

用润洗过的移液管吸取溶液至刻度以上 1~2cm，将移液管向上提升离开液面，管的末端仍靠在盛溶液器皿的内壁上，管身保持直立，略为放松食指（有时可微微转动吸管）使管内溶液慢慢从下口流出，直至溶液的弯月面底部与标线相切为止，立即用食指压紧管口。将尖端的液滴靠壁去掉，移出移液管，插入承接溶液的器皿中。承接溶液的器皿如是锥形瓶，应使锥形瓶倾斜30°，移液管直立，管下端紧靠锥形瓶内壁，稍松开食指，让溶液沿瓶壁慢慢流下（如图 10-2 所示），全部溶液流完后需等 15s 后再拿出移液管，以便使附着在管壁部分溶液全部流出。

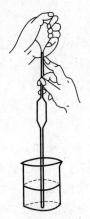

图 10-1 移液管吸液操作

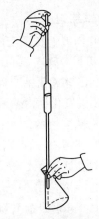

图 10-2 移液管放液操作

（3）容量瓶的使用。容量瓶主要用于准确配制一定物质的量浓度的溶液。它是一种细长颈、梨形的平底玻璃瓶，配有磨口塞。瓶颈上刻有标线，当瓶内液体在所指定温度下达到标线处时，其体积即为瓶上的标称体积。常用的容量瓶有 50mL、100mL、250mL、500mL 等多种规格。容量瓶的使用方法见注意事项。

📝 注意事项

（1）使用前检查瓶塞处是否漏水。在容量瓶内装入水至 1/2 体积，塞紧瓶塞，用右手食指顶住瓶塞，另一只手五指托住容量瓶底，将其倒立（瓶口朝下），观察容量瓶口是否漏水。若不漏水，将瓶正立且将瓶塞旋转 180°后，再次倒立，检查是否漏水，若两次操作容量瓶瓶塞周围皆无水漏出，即表明容量瓶不漏水。经检查不漏水的容量瓶才能使用。

（2）把准确称量好的固体溶质放在烧杯中，用少量溶剂溶解。然后把溶液转移到容量瓶里。为保证溶质能全部转移到容量瓶中，要用溶剂多次洗涤烧杯，并把洗涤溶液全部转移到容量瓶里。转移时要用玻璃棒引流。

（3）向容量瓶内加入的液体液面离刻度线 1~2cm 时，应改用滴管小心滴加，最后使液体的凹面与标线正好相切。若加水超过刻度线，则需重新配制。

（4）盖紧瓶塞，用反复倒转的方法使瓶内的液体混合均匀。

（5）使用容量瓶时还应注意以下几点：

① 容量瓶的容积是特定的，刻度不连续，所以一种型号的容量瓶只能配制一定体积的溶液。在配制溶液前，先要弄清楚需要配制的溶液的体积，然后再选用相应规格的容量瓶。

② 易溶解且不发热的物质可直接用漏斗加入容量瓶中溶解，其他物质基本不能在容量瓶里进行溶质的溶解，应将溶质在烧杯中溶解后转移到容量瓶里。

③ 用于洗涤烧杯的溶剂总量不能超过容量瓶的刻度线。

④ 容量瓶不能进行加热。如果溶质在溶解过程中放热，要待溶液冷却后再进行转移，因为一般的容量瓶是在 20℃ 的温度下标定的，若将温度较高或较低的溶液注入容量瓶，容量瓶则会热胀冷缩，所量体积就会不准确，导致所配制的溶液浓度不准确。

⑤ 容量瓶只能用于配制溶液，不能储存溶液，因为溶液可能会对瓶体产生腐蚀，从而使容量瓶的精度受到影响。

⑥ 容量瓶用毕应及时洗涤干净，塞上瓶塞，并在塞子与瓶口之间夹一条纸条，防止瓶塞与瓶口粘连。

（4）滴定管的使用。滴定管是容量分析中最基本的测量仪器，在滴定时用来测定自管内流出溶液的体积。常量分析用的滴定管为 50mL 或 25mL，刻度至 0.1mL，读数可估到 0.01mL，一般有 ±0.02mL 的读数误差，所以每次滴定所用溶液体积最好在 20mL 以上，才能使读数的相对误差满足滴定的要求。滴定管一般分成酸式和碱式两种。酸式滴定管的刻度管和下端的尖嘴玻璃管通过玻璃旋塞顶链，适于装盛酸性或氧化性的溶液；碱式滴定管的刻度管和下端的尖嘴玻璃管之间通过乳胶管相连，在乳胶管中装有一颗玻璃珠，用以控制溶液的流出速度。碱式滴定管用于装盛碱性溶液，不能用来盛高锰酸钾、碘和硝酸银等能与乳胶起作用的溶液。但现在常用的聚四氟乙烯旋塞的滴定管既能用来装酸性溶液，也能用来装碱性溶液。

在装滴定液前，必须将滴定管洗净，使水自然沥干（内壁应不挂水珠），先用少量待装溶液润洗二次（每次约 5~10mL），溶液装入滴定管应超过标线刻度零以上，这时滴定管尖端会有气泡，必须排除，否则将造成体积误差。如为酸式滴定管可转动活塞，使溶液的急流逐去气泡。最后，再调整溶液的液面至刻度零处，即可进行滴定。

注意事项

（1）滴定管在装满标准溶液后，管外壁的溶液要擦干，以免流下或溶液挥发而使管内溶液降温（在夏季影响尤大）。手持滴定管时，也要避免手心紧握装有溶液部分的管壁，以免手温高于室温（尤其在冬季）而使溶液的体积膨胀，造成误差。

（2）使用旋塞式滴定管时，应将滴定管固定在滴定管夹上，旋塞柄右，左手从中间向右伸出，拇指在管前，食指及中指在管后，三指平行地轻轻拿住活塞柄，无名指及小指向手心弯曲，食指及中指由下向上顶住活塞柄一端，拇指在上面配合动作。在转动时，中指及食指应该微微弯曲，轻轻向左扣住，这样既容易操作，又可防止把活塞顶出。

（3）每次滴定必须从刻度零开始，以使每次测定结果能抵消滴定管的刻度误差。

（4）在装满标准溶液后，滴定前"初读"零点，应静置 1~2min 再读一次，检查读数是否发生变化，仍为零，才能滴定。滴定时不应太快，每秒钟放出 3~4 滴为宜，更不应成为液柱流下，在接近化学计量点时，应逐滴加入。滴定至终点后，必须等 1~2min，使附着在内壁的标准溶液流下来以后再读数，如果放出滴定液速度相当慢时，等半分钟后读数亦可，"终读"也至少读两次。

（5）滴定管读数时，应手持滴定管上端使其竖直，同时还应该视线与液面处在同一水平面上，否则将会引起误差。读数应该在弯月面下缘最低点，但遇标准溶液颜色太深，不能观察下缘时，可以读液面两侧最高点，"初读"与"终读"应用同一标准。

（6）滴定管有无色、棕色两种，一般需避光的滴定液（如硝酸银标准溶液、硫代硫酸钠标准溶液等），需用棕色滴定管。

四、数据记录与处理

盐酸和氢氧化钠溶液的体积比

序　　号	1	2	3
盐酸滴定管初读数/mL			
盐酸滴定管终读数/mL			
盐酸的体积/mL			
氢氧化钠滴定管初读数/mL			
氢氧化钠滴定管终读数/mL			
氢氧化钠溶液的体积/mL			
盐酸与氢氧化钠溶液的体积比			
盐酸与氢氧化钠溶液的体积比平均值			
相对平均偏差			

五、思考题

1. 用移液管放液时，移液管下端应靠在容器内壁上，放完溶液应停留 15s，为什么？

2. 具塞滴定管不能装碱性溶液，这种说法正确吗？为什么？

实验二

水中酸度的测定

一、实验目的

巩固滴定分析的基本操作，掌握测定天然水中酸度的原理和方法。

二、方法原理

酸度是指在水中能与强碱发生中和反应的全部物质的总量。组成水中酸度的物质主要有强酸、弱酸和重碳酸盐等。酸度的大小与测定时采用的指示剂指示终点 pH 的不同而不同。若用甲基橙为指示剂时，溶液由红色变为橙色（pH 3.7），测定的酸度称为甲基橙酸度。若用酚酞为指示剂时，溶液由无色变为淡红色（pH 8.3），测定的酸度称为酚酞酸度（总酸度）。

三、试剂、试样与仪器

1. 试剂

(1) 邻苯二甲酸氢钾（$KHC_8H_4O_4$，基准试剂）。

(2) 盐酸溶液（6mol/L）。

(3) 氢氧化钠溶液（0.1mol/L）。

(4) 酚酞指示剂溶液（2.0g/L）。

(5) 甲基橙指示剂溶液（1g/L）。

2. 试样

取地表水或工业废水，或配制水样。

3. 仪器

（1）电子分析天平。

（2）滴定分析常用玻璃仪器。

四、实验内容和步骤

1. 0.1mol/L 氢氧化钠标准溶液的标定

称取 0.4～0.7g（精确至 0.0001g）邻苯二甲酸氢钾，于 250mL 锥形瓶中，加 50mL 水溶解，滴加 2 滴酚酞指示剂溶液，用待标定的氢氧化钠溶液滴定至溶液呈微红色即为终点。

2. 水样酸度测定

（1）甲基橙酸度的测定　取 50.00mL 水样置于 250mL 锥形瓶中，加入 2 滴甲基橙指示剂溶液，用氢氧化钠标准溶液滴定至溶液由红色变为橙色为终点。同时进行空白实验。

（2）酚酞酸度的测定　取 50.00mL 水样置于 250mL 锥形瓶中，加入 2 滴酚酞指示剂，用氢氧化钠标准溶液滴定至溶液刚变为浅红色为终点。同时进行空白实验。

水样的酸度分别用下式计算：

$$甲基橙酸度(CaCO_3,mg/L) = \frac{cV_1M(CaCO_3)}{2V}$$

$$酚酞酸度(CaCO_3,mg/L) = \frac{cV_2M(CaCO_3)}{2V}$$

式中　　　c——氢氧化钠标准溶液浓度，mol/L；

$\quad\quad V_1$——用甲基橙作指示剂消耗氢氧化钠标准溶液的体积，mL；

$\quad\quad V_2$——用酚酞作指示剂消耗氢氧化钠标准溶液的体积，mL；

$\quad\quad V$——水样体积，L；

$M(CaCO_3)$——碳酸钙的摩尔质量（g/mol）。

> 📝 **注意**
>
> 水样取用体积一般应为 50～100mL，应使滴定时所消耗标准溶液用量在 10～25mL 之间为宜。

五、数据记录与处理

1. 0.1mol/L 氢氧化钠溶液的标定

序　　号	1	2	3
邻苯二甲酸氢钾的质量/g			
滴定管初读数/mL			
滴定管终读数/mL			
消耗氢氧化钠溶液的体积/mL			

续表

序　号	1	2	3
氢氧化钠溶液的浓度/(mol/L)			
氢氧化钠溶液的浓度平均值/(mol/L)			
相对平均偏差			

2. 水样甲基橙酸度

序　号	1	2	3
水样的体积/L			
滴定管初读数/mL			
滴定管终读数/mL			
消耗氢氧化钠溶液的体积/mL			
水样甲基橙酸度/($CaCO_3$,mg/L)			
水样甲基橙酸度平均值/($CaCO_3$,mg/L)			

3. 水样酚酞酸度

序　号	1	2	3
水样的体积/L			
滴定管初读数/mL			
滴定管终读数/mL			
消耗氢氧化钠溶液的体积/mL			
水样酚酞酸度/($CaCO_3$,mg/L)			
水样酚酞酸度平均值/($CaCO_3$,mg/L)			

六、思考题

1. 为什么酚酞酸度大于甲基橙酸度？

2. 组成水中酸度的物质主要有强酸、弱酸和重碳酸盐等，测定酸度若以 $CaCO_3$ 计，试推导计算公式。

实验三

水中总碱度的测定

一、实验目的

巩固滴定分析的基本操作，掌握测定水中碱度的原理和方法。

二、方法原理

碱度是指在水中能与强酸发生中和反应的全部物质，即能接受质子（H^+）的物质总量。组成水中碱度的物质主要有强碱（如氢氧化物）、弱碱（如氨）和强碱弱酸盐（碳酸盐、重碳酸盐）。以甲基橙为指示剂，用盐酸标准溶液滴定至溶液由黄色变为橙色（pH4.3）时，测定的碱度称为甲基橙碱度（总碱度）。

三、试剂、试样与仪器

1. 试剂

（1）碳酸钠（Na_2CO_3，基准试剂）。

（2）盐酸溶液（0.1mol/L）。

（3）甲基橙指示剂溶液（1g/L）。

2. 试样

取地表水或工业废水，或配制水样。

3. 仪器

（1）电子分析天平。

（2）滴定分析常用玻璃仪器。

四、实验内容和步骤

1. 0.1mol/L 盐酸溶液的标定

称取 0.2～0.3g（精确至 0.0001g）无水碳酸钠于 250mL 锥形瓶中，加 50mL 水溶解，加入 2 滴甲基橙指示剂溶液，用待标定的盐酸溶液滴定至溶液由黄色变为橙色即为终点。计算盐酸溶液的浓度。

2. 水样总碱度测定

取 50.00mL 水样于 250mL 锥形瓶中，加入 2 滴甲基橙指示剂，摇匀，用盐酸标准溶液滴定至溶液由黄色变为橙色，记录消耗盐酸标准溶液的体积。同时进行空白实验。

水样的总碱度用下式计算：

$$总碱度(CaCO_3, mg/L) = \frac{cV_1M(CaCO_3)}{2V}$$

$$总碱度(CaO, mg/L) = \frac{cV_1M(CaO)}{2V}$$

式中　　c——盐酸标准溶液浓度，mol/L；

　　　　V_1——用甲基橙为指示剂消耗盐酸标准溶液的体积，mL；

　　　　V——水样体积，L；

　$M(CaCO_3)$——碳酸钙的摩尔质量，g/mol；

　$M(CaO)$——氧化钙的摩尔质量，g/mol。

📝 **注意事项**

（1）水样的体积一般为 50～100mL，使滴定时消耗标准溶液体积在 10～25mL 为宜。

（2）若水样总碱度小于 20mg/L 时，可改用 0.01mol/L 盐酸标准溶液滴定，以提高测定精度。

五、数据记录与处理

1. 0.1mol/L 盐酸溶液的标定

序　号	1	2	3
碳酸钠的质量/g			
滴定管初读数/mL			
滴定管终读数/mL			
消耗盐酸标准溶液的体积/mL			
盐酸溶液的浓度/(mol/L)			
盐酸溶液的浓度平均值/(mol/L)			
相对平均偏差			

2. 水样总碱度

序　号	1	2	3
水样的体积/L			
滴定管初读数/mL			
滴定管终读数/mL			
消耗盐酸标准溶液的体积/mL			
水样的总碱度/($CaCO_3$,mg/L)			
水样的总碱度平均值/($CaCO_3$,mg/L)			

六、思考题

以酚酞为指示剂，用盐酸标准溶液滴定至溶液由红色刚刚变为无色时，测定的碱度称为酚酞碱度。试比较酚酞碱度与甲基橙碱度的大小。

实验四

水硬度的测定
（EDTA配位滴定法）

一、实验目的

了解硬度的常用表示方法，掌握用 EDTA 配位滴定法测定水硬度的原理和方法。

二、方法原理

通常将含有钙盐和镁盐的水称为硬水。水的硬度是指水中钙、镁含量的多少，分为钙硬度、镁硬度和总硬度。实际工作中常将水中的钙、镁含量折算成 $CaCO_3$ 或 CaO 的量来表示水的硬度，单位为 mg/L。

总硬度的测定是以氨-氯化铵缓冲溶液控制溶液 pH 为 10，以铬黑 T 为指示剂，用 EDTA 标准溶液滴定水样。滴定前水样中的镁离子与加入的铬黑 T 指示剂形成配位化合物，溶液呈酒红色，随着 EDTA 溶液的滴入，金属离子-铬黑 T 配合物中的金属离子逐渐被 EDTA 夺取，铬黑 T 指示剂呈游离态，溶液颜色逐渐变蓝，至纯蓝色为终点，由滴定所用的 EDTA 标准溶液的体积即可计算出水样的总硬度。

钙硬度测定是用氢氧化钠溶液调节待测水样的 pH 为 12.5，溶液呈强碱性使镁离子生成氢氧化物沉淀。加入钙指示剂，用 EDTA 标准溶液滴定至溶液由酒红色变为纯蓝色为终点，由消耗的 EDTA 标准溶液体积计算水样中的钙硬度。

三、试剂、试样与仪器

1. 试剂

（1）碳酸钙（$CaCO_3$，基准试剂）。

（2）乙二胺四乙酸二钠（EDTA 二钠盐，$C_{10}H_{14}N_2Na_2O_8 \cdot 2H_2O$，分析纯）。

（3）盐酸溶液（1+1）。

（4）氢氧化钠溶液（6mol/L）。

（5）三乙醇胺溶液（1+2）。

（6）氨-氯化铵缓冲溶液（pH=10）　取 6.75g 的氯化铵溶于 20mL 水中，加入 57mL 的氨水，用水稀释至 100mL。

（7）铬黑 T 指示剂　称取 1.0g 铬黑 T 指示剂（$C_{20}H_{12}N_3NaO_7S$）与 100g 氯化钠一起混合研磨均匀，盛放于磨口瓶中。

（8）钙指示剂　0.2g 钙羧酸指示剂［3-羟基-4-(2-羟基-4-磺基-1-萘基偶氮)萘-2-羧酸］与 100g 氯化钠混合研磨均匀，盛放于磨口瓶中。

2. 试样

取自来水、地表水或配制水样。

3. 仪器

（1）电子分析天平。

（2）滴定分析常用玻璃仪器。

四、实验内容和步骤

1. 0.01mol/L EDTA 标准溶液的配制和标定

称取 1.8g EDTA 二钠盐，溶于 500mL 水中。

称取 110℃ 干燥过的碳酸钙（$CaCO_3$）0.2～0.3g（精确至 0.0001g），于 100mL 烧杯中，少量水润湿，盖上表面皿，滴加盐酸溶液（1+1），至碳酸钙全部溶解，转移至 250mL 容量瓶中，稀释至标线。

移取 25.00mL Ca^{2+} 标准溶液，加氢氧化钠溶液（6mol/L）调 pH 为 12～13，加适量钙指示剂，用 EDTA 标准溶液滴定，当溶液由酒红色变为纯蓝色即为终点。

2. 总硬度的测定

准确吸取 50.00mL 水样于 250mL 锥形瓶中，加 5mL 氨-氯化铵缓冲溶液、2mL 三乙醇胺溶液、适量铬黑 T 指示剂，用 EDTA 标准溶液滴定，当溶液由酒红色变为纯蓝色即为终点。平行测定三份。

3. 钙硬度测定

用移液管准确吸取 50.00mL 水样于 250mL 锥形瓶中，加 2mL 氢氧化钠溶液（6mol/L）、2mL 三乙醇胺溶液、适量钙指示剂溶液。用 EDTA 标准溶液滴定，不断摇动锥形瓶，当溶液由酒红色变为纯蓝色即为终点。用同样方法平行测定三份。

水样中总硬度（以 CaO 计）、钙硬度分别按照下式计算：

$$总硬度(CaO, mg/L) = \frac{cV_1M(CaO)}{V}$$

$$钙硬度(CaO, mg/L) = \frac{cV_2M(CaO)}{V}$$

式中 c——EDTA 溶液的浓度，mol/L；

         V_1——测定总硬度时消耗 EDTA 标准溶液的体积，mL；

         V_2——测定钙硬度时消耗 EDTA 标准溶液的体积，mL；

         V——水样的体积，L；

$M(CaO)$——氧化钙的摩尔质量，g/mol。

五、数据记录与处理

1. 0.01mol/L EDTA 溶液的标定

序　号	1	2	3
氧化锌的质量/g			
滴定管初读数/mL			
滴定管终读数/mL			
消耗 EDTA 标准溶液的体积/mL			
EDTA 标准溶液的浓度/(mol/L)			
EDTA 标准溶液的浓度平均值/(mol/L)			
相对平均偏差			

2. 水样总硬度

序　号	1	2	3
水样的体积/L			
滴定管初读数/mL			
滴定管终读数/mL			
消耗 EDTA 标准溶液的体积/mL			
水样的总硬度/(CaO, mg/L)			
水样的总硬度平均值/(CaO, mg/L)			

六、思考题

1. 若需要得到水中的镁硬度，应如何计算？

2. 总硬度的测定是以氨-氯化铵缓冲溶液控制溶液的 pH 为 10，以铬黑 T 为指示剂，用 EDTA 标准溶液滴定水样。滴定终点为什么呈纯蓝色而不是蓝紫色？

实验五

水中溶解氧含量的测定
（碘量法）

一、实验目的

掌握硫代硫酸钠标准溶液的标定方法，掌握碘量法测定水中溶解氧含量的原理和方法。

二、方法原理

1. 硫代硫酸钠标准溶液的标定

硫代硫酸钠标准溶液的标定采用间接碘量法。氧化剂可采用重铬酸钾、碘酸钾或溴酸钾。

采用重铬酸钾氧化剂的相关反应方程式如下：

$$6I^- + Cr_2O_7^{2-} + 14H^+ =\!=\!= 3I_2 + 2Cr^{3+} + 7H_2O$$

$$I_2 + 2Na_2S_2O_3 =\!=\!= 2NaI + Na_2S_4O_6$$

采用碘酸钾氧化剂的相关反应方程式如下：

$$5I^- + IO_3^- + 6H^+ =\!=\!= 3I_2 + 3H_2O$$

$$I_2 + 2Na_2S_2O_3 =\!=\!= 2NaI + Na_2S_4O_6$$

2. 水中溶解氧的测定

向水中加入硫酸锰及碱性碘化钾溶液时，Mn^{2+} 与 OH^- 生成氢氧化锰沉淀。氢氧化锰在碱性条件下不稳定，迅速与水中溶解氧化合生成锰酸，这一过程称为固氧。

$$2MnSO_4 + 4NaOH =\!=\!= 2Mn(OH)_2 \downarrow + 2Na_2SO_4$$

$$2Mn(OH)_2 + O_2 =\!=\!= 2H_2MnO_3$$

$$H_2MnO_3 + Mn(OH)_2 =\!=\!= MnMnO_3 \downarrow （棕色沉淀） + 2H_2O$$

加入硫酸酸化使棕色沉淀（$MnMnO_3$）与溶液中的碘化钾发生氧化还原反应，析出单质碘，溶解氧越多，析出的碘也越多，溶液的颜色也就越深。

$$2KI + H_2SO_4 =\!=\!= 2HI + K_2SO_4$$

$$MnMnO_3 + 2H_2SO_4 + 2HI =\!=\!= 2MnSO_4 + I_2 + 3H_2O$$

以淀粉为指示剂，用硫代硫酸钠标准溶液滴定析出的碘，计算出水样中溶解氧的含量。

$$I_2 + 2Na_2S_2O_3 =\!=\!= 2NaI + Na_2S_4O_6$$

三、试剂、试样与仪器

1. 试剂

（1）重铬酸钾（$K_2Cr_2O_7$，基准试剂）。

（2）碘化钾（KI，分析纯）。

（3）碘酸钾（KIO_3，基准试剂）。

（4）硫酸（H_2SO_4，98%，1.84g/mL）。

（5）硫酸溶液（20%）。

（6）硫代硫酸钠溶液（0.01mol/L）。

（7）硫酸锰溶液　称取 480g 硫酸锰（$MnSO_4 \cdot H_2O$）溶于水，用水稀释至 1000mL。

（8）碱性碘化钾溶液　称取 500g 氢氧化钠溶解于 300～400mL 水中，另称取 150g 碘化钾溶于 200mL 水中，待氢氧化钠溶液冷却后，将两溶液合并，混匀，用水稀释至 1000mL。

（9）淀粉溶液（5g/L）。

2. 试样

取湖水、河水或自来水。

3. 仪器

（1）电子分析天平。

（2）溶解氧瓶。

（3）水样采样器。

（4）滴定分析常用玻璃仪器。

四、实验内容与步骤

1. 0.01mol/L 硫代硫酸钠标准溶液浓度的标定

（1）采用重铬酸钾氧化剂　称取 0.1～0.12g（精确至 0.0001g）重铬酸钾基准试剂，于小烧杯中溶解，转移至 250mL 容量瓶中，稀释至刻度，摇匀。分别移取 25.00mL 重铬酸钾溶液于 250mL 碘量瓶中，加 0.5g 碘化钾，溶解后，加 10mL 硫酸（20%），立即盖好塞子，在塞子上加好水封，在暗处放置 5～10min。然后打开塞子，立即加 50mL 水稀释，用硫代硫酸钠溶液滴定到溶液呈浅绿黄色时，加 2mL 淀粉溶液，继续滴入硫代硫酸钠溶液直至碘-淀粉蓝色刚好消失而呈 Cr^{3+} 蓝色为止。

（2）采用碘酸钾氧化剂　称取 0.2～0.23g（精确至 0.0001g）碘酸钾基准试剂，于小烧杯中溶解，转移至 250mL 容量瓶中，稀释至刻度，摇匀。移取 10.00mL 碘酸钾溶液于 250mL 碘量瓶中，加 20mL 水，0.5g 碘化钾，溶解后，加 10mL 硫酸（20%），立即盖好塞子，在塞子上加好水封，在暗处放置 5～10min。然后打开塞子，立即加 50mL 水稀释，用硫代硫酸钠溶液滴定到溶液呈浅绿黄色时，加 2mL 淀粉溶液，继续滴入硫代硫酸钠溶液直至蓝色刚好消失。

2. 样品测定

（1）水样的采集　将采水胶管插入溶解氧瓶底部，放出少量水，润洗 2～3 次，然后将胶管再插入瓶底，使水样缓慢注入瓶内，并溢出约 2～3 瓶体积的水。在不停止注水的情况下，提出导管，盖好瓶塞。

注意

瓶中不得有气泡。

（2）固氧　向水样瓶中加入 1mL 硫酸锰溶液和 2mL 碱性碘化钾溶液。加试剂时，刻度吸管尖端应插入水面下 2～3mm，让试剂自行流出，沉降到瓶底。然后立即盖好瓶塞反复倒转 20 次左右，使溶氧被完全固定。

（3）酸化　将完成固氧的溶解氧瓶静置，待沉淀降到瓶的中部后可以进行酸化。打开瓶塞，用刻度吸管沿瓶口内壁加入 2mL 浓硫酸，盖上瓶塞，反复颠倒摇匀，使沉淀完全溶解。

（4）滴定　将酸化后的水样摇匀，用移液管吸取 50.00mL 水样于锥形瓶中，立即用硫代硫酸钠标准溶液滴定至浅黄色，再加入 1mL 淀粉溶液，继续滴定至蓝色刚好褪去且 30s 内不返回为止，记录滴定消耗硫代硫酸钠溶液的体积。

水样中溶解氧含量用下式计算：

$$溶解氧含量(O_2, mg/L) = \frac{1}{4} \times \frac{cVM(O_2)}{V_0}$$

式中　　c——硫代硫酸钠溶液的浓度，mol/L；

　　　　V——滴定水样消耗硫代硫酸钠溶液的体积，mL；

　　　　V_0——滴定时所取水样的体积，L；

　　$M(O_2)$——氧气的摩尔质量，g/mol。

注意事项

（1）$Cr_2O_7^{2-}$ 与 I^- 的反应不是瞬间完成的，在稀溶液中进行更慢，一般需要放置 5min 以上。

（2）$K_2Cr_2O_7$ 还原后生成的 Cr^{3+} 呈绿色，妨碍终点指示剂观察，需加水稀释，使颜色变浅。稀释还可降低 I_2 浓度，防止 I_2 挥发。稀释还可降低 I^- 的浓度，避免被空气中的 O_2 氧化。

（3）$Na_2S_2O_3$ 滴定 I_2 时，淀粉不宜过早加入，因淀粉会吸附 I_2，妨碍 I_2 与 $Na_2S_2O_3$ 作用，使终点提前。

五、数据记录与处理

1. 0.01mol/L 硫代硫酸钠溶液的标定

序　号	1	2	3
基准物的质量/g			
移取基准物溶液的体积/mL			
滴定管初读数/mL			
滴定管终读数/mL			
消耗硫代硫酸钠溶液的体积/mL			
硫代硫酸钠溶液的浓度/(mol/L)			
硫代硫酸钠溶液的浓度平均值/(mol/L)			
相对平均偏差			

2. 水样中溶解氧的含量

序　号	1	2	3
滴定时取水样的体积/L			
滴定管初读数/mL			
滴定管终读数/mL			
消耗硫代硫酸钠溶液的体积/mL			
水样中溶解氧的含量/(O₂,mg/L)			
水样中溶解氧的含量平均值/(O₂,mg/L)			

六、思考题

1. 标定硫代硫酸钠标准溶液时，采取哪些方法防止生成碘的挥发与 I^- 被空气中的氧气氧化？

2. 测定水中溶解氧，采集水样时采样瓶中不能有气泡，为什么？

3. 在用硫代硫酸钠标准溶液滴定碘时，为什么淀粉指示剂不是在开始滴定前加入，而是临近终点时才加入？

实验六

水中氨氮的测定
（水杨酸分光光度法）

一、实验目的

掌握水杨酸分光光度法测定水中氨氮的原理和方法。

二、方法原理

在碱性介质（pH＝11.7）和亚硝基铁氰化钠存在下，水中的氨、铵离子与水杨酸盐和次氯酸离子反应生成蓝色化合物，在 697nm 处用分光光度计测量吸光度。

三、试剂、试样与仪器

1. 试剂

（1）硫酸（H_2SO_4，98%，1.84g/mL）。

（2）无水乙醇 [C_2H_5OH，99.5%（体积分数）]。

（3）轻质氧化镁（MgO） 不含碳酸盐，在 500℃ 下加热氧化镁，以除去碳酸盐。

（4）硫酸吸收液（0.01mol/L） 量取 7.0mL 硫酸加入水中，稀释至 250mL，临用前取 10mL，稀释至 500mL。

（5）氢氧化钠溶液（2mol/L） 称取 8g 氢氧化钠溶于水中，稀释至 100mL。

（6）显色剂（水杨酸-酒石酸钾钠溶液） 称取 50g 水杨酸 [C_6H_4（OH）COOH]，加入约 100mL 水，再加入 160mL 氢氧化钠溶液（2mol/L），搅拌使之完全溶解。再称取 50g 酒石酸钾钠（$KNaC_4H_6O_6 \cdot 4H_2O$），溶于水中，与上述溶液合并移入 1000mL 容量瓶中，加水稀释至标线。贮存于加橡胶塞的棕色玻璃瓶中。

（7）次氯酸钠（NaClO） 存放于塑料瓶中的次氯酸钠，使用前应标定其有效氯浓度和游离碱浓度（以 NaOH 计）。

（8）次氯酸钠使用液（有效氯为 3.5g/L，游离碱为 0.75mol/L） 取经标定的次氯酸钠，用水和氢氧化钠溶液稀释成含有效氯浓度为 3.5g/L，游离碱浓度为 0.75mol/L（以 NaOH 计）的次氯酸钠使用液，存放于棕色滴瓶内。

（9）亚硝基铁氰化钠溶液（10g/L） 称取 0.1g 亚硝基铁氰化钠 {Na_2 [Fe(CN)$_5$NO] $\cdot$ $2H_2O$} 置于 10mL 具塞比色管中，加水至标线。

（10）清洗溶液　将 100g 氢氧化钾溶于 100mL 水中，溶液冷却后加 900mL 乙醇，贮存于聚乙烯瓶内。

（11）溴百里酚蓝指示剂（0.5g/L）　称取 0.05g 溴百里酚蓝溶于 50mL 水中，加入 10mL 乙醇，用水稀释至 100mL。

（12）氨氮标准贮备液（N，1.00mg/mL）　称取 3.8190g 氯化铵（NH_4Cl，优级纯，在 100～105℃干燥 2h），溶于水中，移入 1000mL 容量瓶中，稀释至标线。

（13）氨氮标准中间液（N，100μg/mL）　吸取 10.00mL 氨氮标准贮备液于 100mL 容量瓶中，稀释至标线。

（14）氨氮标准工作液（N，1μg/mL）　吸取 10.00mL 氨氮标准中间液于 1000mL 容量瓶中，稀释至标线。临用现配。

2. 试样

水样采集在聚乙烯瓶或玻璃瓶内，要尽快分析。如需保存，应加硫酸使水样酸化至 pH<2，在 2～5℃下可保存 7d。

3. 仪器

（1）可见分光光度计。

（2）电子分析天平。

（3）氨氮蒸馏装置　由 500mL 凯式烧瓶、氮球、直型冷凝管和导管组成，冷凝管末端可连接一段适当长度的滴管，使出口尖端浸入吸收液液面下。亦可使用蒸馏烧瓶。

（4）实验室常用玻璃器皿。

四、实验内容与步骤

1. 水样预蒸馏

将 50.00mL 硫酸吸收液移入接收瓶内，确保冷凝管出口在硫酸溶液液面之下。取 250mL 水样（如氨氮含量高，可适当少取，加水至 250mL）移入烧瓶中，加几滴溴百里酚蓝指示剂，必要时，用氢氧化钠溶液或硫酸溶液调整 pH 为 6.0（指示剂呈黄色）～7.4（指示剂呈蓝色），加入 0.25g 轻质氧化镁及数粒玻璃珠，立即连接氮球和冷凝管。加热蒸馏，使馏出液速度约为 10mL/min，待馏出液达 200mL 时，停止蒸馏，加水定容至 250mL。

2. 标准曲线绘制

取 6 支 25mL 比色管，依次加入 0.00、2.50mL、5.00mL、10.00mL、15.00mL 和 20.00mL 氨氮标准工作液，加入 2.00mL 显色剂和 5 滴亚硝基铁氰化钠溶液，混匀。再滴入 5 滴次氯酸钠使用液并混匀，加水稀释至标线，充分混匀。显色 60min 后，在 697nm 波长处，用 1cm 比色皿，以水为参比测量吸光度。以吸光度 A 为纵坐标，以氨氮含量为横坐标，绘制标准曲线。

3. 水样测定

取经过预蒸馏的水样 20.00mL 于 25mL 比色管中，加入 2.00mL 显色剂和 5 滴亚硝基铁氰化钠溶液，混匀。再滴入 5 滴次氯酸钠使用液并混匀，加水稀释至标线，充分混匀。显色 60min 后，在 697nm 波长处，用 1cm 比色皿，以水为参比测量吸光度。同时进行空白实验。

水样中氨氮含量（以 N 计）按下式计算：

$$\rho(N)=\frac{(A_s-A_b-a)f}{bV}$$

式中　$\rho(N)$——水样中氨氮（以 N 计）含量，mg/L；

　　　A_s——样品的吸光度；

　　　A_b——空白试验的吸光度；

　　　a——校准曲线的截距；

　　　b——校准曲线的斜率；

　　　V——所取水样的体积，mL；

　　　f——水样的稀释倍数。

五、数据记录与处理

1. 标准曲线绘制

序号	0	1	2	3	4	5
氨氮标准工作液的体积/mL	0.00	50	5.00	10.00	15.00	20.00
氨氮含量/μg	0.00	2.50	5.00	10.00	15.00	20.00
吸光度						
线性回归方程						
线性相关性系数						

2. 水样的测定

序号	1	2	3
水样的体积/mL			
水样的吸光度			
水样中氨氮含量/(mg/L)			
水样中氨氮含量平均值/(mg/L)			

六、思考题

1. 实验中使用的轻质氧化镁是怎样制备的？
2. 水样中氨氮（以 N 计）含量的计算公式中的水样稀释倍数 f 怎样确定？

实验七

水中总氮的测定
（碱性过硫酸钾消解紫外分光光度法）

一、实验目的

掌握碱性过硫酸钾消解紫外分光光度法测定水中总氮的原理和方法。

二、方法原理

在 $120 \sim 124℃$ 下，碱性过硫酸钾使样品中的含氮化合物中的氮转化为硝酸盐，采用紫外分光光度法在波长 $220nm$ 处测定硝酸根离子的吸光度 A_{220}。由于溶解的有机物在 $220nm$ 处也有吸收，干扰测定，需进行校正。硝酸根离子在 $275nm$ 处没有吸收，因此在 $275nm$ 处测定吸光度 A_{275}，则总氮含量与校正吸光度 A_r（$A_r = A_{220} - 2A_{275}$）成正比。

三、试剂、试样与仪器

1. 试剂

（1）盐酸（HCl，$36\% \sim 37\%$，$1.18 \sim 1.19g/mL$）；盐酸溶液（1+9）。

（2）硫酸（H_2SO_4，98%，$1.84g/mL$）；硫酸溶液（1+35）。

（3）氢氧化钠（NaOH）。

（4）过硫酸钾（$K_2S_2O_4$）。

（5）硝酸钾（KNO_3，优级纯）。

（6）氢氧化钠溶液（200g/L）。

（7）碱性过硫酸钾溶液　称取 40g 过硫酸钾溶于 600mL 水中，另称取 15g 氢氧化钠溶于 300mL 水中，冷却至室温。将两溶液混合，定容至 1L，存放在聚乙烯瓶中。

（8）硝酸钾标液（N，0.100mg/mL）。

2. 试样

样品采集于聚乙烯瓶或玻璃瓶中，用硫酸酸化至 pH 1~2，常温下可保存 7d。

3. 仪器

（1）电子分析天平。

（2）紫外分光光度计。

（3）高压蒸汽灭菌器。

（4）具塞磨口比色管。

四、实验内容与步骤

1. 标准曲线绘制

分别量取 0.00、0.50mL、1.00mL、2.00mL、5.00mL 和 10.00mL 硝酸钾标准工作液于 25mL 具塞比色管中，加水稀释至 10mL，加入 5mL 碱性过硫酸钾溶液，塞紧管塞，用纱布和线扎紧管塞，将比色管置于高压蒸汽灭菌器中，加热至顶压阀吹气，关阀，继续加热至 120℃ 开始计时，保持温度在 120~124℃ 之间 30min。自然冷却，开阀放气，取出比色管冷却至室温，混匀。

在每个比色管中分别加入 1mL 盐酸（1+9），用水稀释至 25mL 标线，混匀。用 1cm 石英比色皿，以水为参比，分别于波长 220nm 和 275nm 处测定吸光度。

$$A_b = A_{b220} - 2A_{b275}$$
$$A_s = A_{s220} - 2A_{s275}$$
$$A_r = A_s - A_b$$

式中　A_b——空白溶液的校正吸光度；

A_{b220}——空白溶液在波长 220nm 处的吸光度；

A_{b275}——空白溶液在波长 275nm 处的吸光度；

A_s——标准溶液的校正吸光度；

A_{s220}——标准溶液在波长 220nm 处的吸光度；

A_{s275}——标准溶液在波长 275nm 处的吸光度；

A_r——校正吸光度。

以 A_r 为纵坐标，以总氮含量为横坐标绘制标准曲线。

2. 样品测定

取适量样品调节 pH 至 5～9。移取 10.00mL 试样于 25mL 具塞磨口玻璃比色管中，按照标准曲线绘制的方法步骤测定吸光度。同时进行空白实验。

样品中总氮含量（以 N 计）按下式计算：

$$\rho(N) = \frac{(A_s - A_b - a)f}{bV}$$

式中　$\rho(N)$——水样中总氮含量（以 N 计），mg/L；

A_s——样品的校正吸光度；

A_b——空白试验的校正吸光度；

a——校准曲线的截距；

b——校准曲线的斜率；

V——所取水样的体积，L；

f——水样的稀释倍数。

注意事项

（1）该方法的最低检出浓度为 0.08mg/L，测定上限为 4mg/L。适用清洁地表水和未受明显污染的地下水中总氮的测定。

（2）水样中的有机物、表面活性剂、亚硝酸盐、六价铬、溴化物、碳酸氢盐和碳酸盐等干扰测定，需进行预处理。采用絮凝共沉淀和大孔中性吸附树脂进行处理，以去除水样中大部分常见有机物、浊度和六价铬、高价铁。

五、数据记录与处理

1. 标准曲线绘制

序号	0	1	2	3	4	5
硝酸钾标准工作液的体积/mL	0.00	0.50	1.00	2.00	5.00	10.00
总氮(以 N 计)的量/mg	0.00	0.050	0.10	0.20	0.50	1.00
A_{220}						
A_{275}						
A_b, A_s						
A_r						
线性回归方程						
线性相关性系数						

2. 水样的测定

序 号	1	2	3
水样的体积/mL			
水样的吸光度 A_{220}			
水样的吸光度 A_{275}			
空白试验 A_{220}			
空白试验 A_{275}			
A_b			
A_s			
水样中总氮含量/(mg/L)			
水样中总氮含量平均值/(mg/L)			

六、思考题

根据紫外分光光度法测定水中总氮的原理，试分析干扰因素。

实验八

水中总氮的测定
（流动注射-盐酸萘乙二胺分光光度法）

一、实验目的

掌握流动注射-盐酸萘乙二胺分光光度法测定水中总氮的原理和方法。

二、方法原理

在密闭的管路中，将一定体积的试样（S）与过硫酸钾和四硼酸钠混合液（消解液，R_1）通过蠕动泵注入加热池混合并被加热至（95±2）℃，然后与四硼酸钠缓冲液（R_2）一起置入紫外消解装置，在碱性介质中，在紫外光的照射下，试料中的含氮化合物被过硫酸盐氧化为硝酸盐后，通过注入阀注入连续流动的载液（无氨水，C）中，与氯化铵缓冲溶液（R_3）混合后经镉柱被还原为亚硝酸盐。然后再与磷酸、磺胺、盐酸萘乙二胺混合液（显色剂，R_4）一起进入反应单元中，在酸性介质中，亚硝酸盐与磺胺进行重氮化反应，再与盐酸萘乙二胺偶联生成红色化合物，在540nm波长处测定吸光度，如图10-3所示。以测定信号值（峰面积）为纵坐标，以对应的氮浓度为横坐标，绘制标准曲线，根据样品测定的信号值计算总氮的浓度。

三、试剂、试样与仪器

1. 试剂

（1）盐酸（HCl，36%～37%，1.18～1.19g/mL）。

（2）磷酸（H_3PO_4，85%，1.68g/mL）。

（3）硫酸（H_2SO_4，98%，1.84g/mL）。

（4）氢氧化钠（NaOH）。

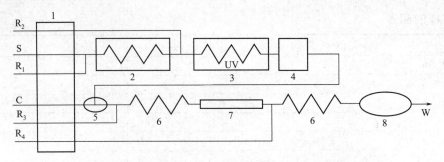

图 10-3　流动注射-盐酸萘乙二胺分光光度法测定总氮工作流程示意图

1—蠕动泵；2—加热池；3—紫外消解装置；4—除气泡装置；

5—注入阀；6—混合及反应单元；7—镉柱；8—检测池

(5) 过硫酸钾（$K_2S_2O_8$）。

(6) 氯化铵（NH_4Cl）。

(7) 四硼酸钠（$Na_2B_4O_7 \cdot 10H_2O$）。

(8) 乙二胺四乙酸二钠（$C_{10}H_{14}N_2Na_2O_8 \cdot 2H_2O$）。

(9) 硝酸钾（KNO_3，优级纯）。

(10) 亚硝酸钾（KNO_2）。

(11) 盐酸萘乙二胺（$C_{12}H_{14}N_2 \cdot 2HCl$）。

(12) 磺胺（$C_6H_8O_2N_2S$）。

(13) 氨基乙酸（H_2NCH_2COOH）。

(14) 氢氧化钠溶液（15mol/L）。

(15) 消解液　称取 49g 过硫酸钾溶于 900mL 水中，加入 10g 四硼酸钠，用水稀释至 1L，混匀。

(16) 四硼酸钠缓冲溶液（pH＝9.0）　称取 25.0g 四硼酸钠溶于 900mL 水中，混匀，用氢氧化钠溶液（15mol/L）调节溶液 pH 至 9.0。

(17) 氯化铵缓冲溶液（pH＝8.5）　称取 85.0g 氯化铵和 1.0g 乙二胺四乙酸二钠溶于 800mL 水中，混匀，用氢氧化钠溶液（15mol/L）调节溶液 pH 至 8.5。

(18) 显色剂　量取 100mL 磷酸加入 600mL 水中，加入 40g 磺胺和 1g 盐酸萘乙二胺，用水稀释至 1L，混匀，盛于棕色瓶中。

(19) 硝酸钾标准贮备液（N，1.00mg/mL）。

(20) 硝酸钾标准工作液（N，0.10mg/mL）。

(21) 氦气（纯度不小于 99.99%）。

2. 试样

样品采集于聚乙烯瓶或玻璃瓶中，用硫酸酸化至 pH≤2，常温下可保存 7d。

3. 仪器

(1) 电子分析天平。

(2) pH 计。

(3) 超声波仪（频率 40kHz）。

(4) 流动注射分析仪　自动进样器、化学反应单元（由蠕动泵、注入阀、反应管路、紫外消解装置、镉柱等部分组成）、检测单元及数据处理单元。

四、实验内容与步骤

1. 仪器的调试

按照仪器说明书进行安装，先用水代替试剂，待基线稳定后，进入试剂，待基线再次稳定。

2. 标准曲线绘制

在 6 个 100mL 容量瓶中，分别加入 0.00、0.50mL、1.00mL、2.00mL、5.00mL 和 10.00mL 硝酸钾标准工作液，定容至标线，配制标准系列溶液。

取适量标准系列溶液，分别置于样品杯中，由进样器按程序依次从低浓度到高浓度进行测定。以测定信号值（峰面积）为纵坐标，以对应的总氮浓度为横坐标，绘制校准曲线。

3. 试样测定

取适量水样于 100mL 容量瓶中定容至标线，按照与标准曲线绘制相同的条件进行测定。同时进行空白实验。

样品中总氮含量（以 N 计）按下式计算：

$$\rho(N) = \frac{(A_s - A_b - a)f}{bV}$$

式中　$\rho(N)$——水样中总氮含量（以 N 计），mg/L；

　　　A_s——样品的吸光度；

　　　A_b——空白试验的吸光度；

　　　a——校准曲线的截距；

　　　b——校准曲线的斜率；

　　　V——所取水样的体积，L；

　　　f——水样的稀释倍数。

五、数据记录与处理

1. 标准曲线绘制

序号	0	1	2	3	4	5
硝酸钾标准工作液的体积/mL	0.00	0.50	1.00	2.00	5.00	10.00
总氮（以 N 计）的量/mg	0.00	0.050	0.10	0.20	0.50	1.00
吸光度						
线性回归方程						
线性相关性系数						

2. 水样的测定

序　号	1	2	3
水样的体积/mL			
水样的吸光度 A_s			
空白试验 A_b			
水样中总氮含量/(mg/L)			
水样中总氮含量平均值/(mg/L)			

实验九

水中总磷的测定
（钼酸铵分光光度法）

一、实验目的

掌握钼酸铵分光光度法测定水中总磷的原理和方法。

二、方法原理

水中的磷酸盐通常是指可溶性正磷酸盐，即通过 $0.45\mu m$ 微孔滤膜过滤以 PO_4^{3-} 的形式被检测的正磷酸盐（包括 PO_4^{3-}、HPO_4^{2-} 和 $H_2PO_4^-$）。水中总磷是指水中溶解和不溶解的所有形态磷的总和。若水样采用 $0.45\mu m$ 微孔滤膜过滤后直接测定得到的是水中磷酸盐的含量，若水样不用滤膜过滤并用过硫酸钾消解后进行测定得到的为水中总磷的含量。

在中性条件下，用过硫酸钾（或硝酸-高氯酸）使试样消解，将所含磷全部氧化为正磷酸盐。在酸性介质中，正磷酸盐与钼酸铵反应，在酒石酸锑氧钾存在下生成磷钼杂多酸后，立即被抗坏血酸还原，生成蓝色的配合物，在 700nm 波长处，用分光光度计测其吸光度。

三、试剂、试样与仪器

1. 试剂

（1）硫酸（H_2SO_4，98%，1.84g/mL）；硫酸溶液（1+1）。

（2）过硫酸钾溶液（50g/L）。

（3）抗坏血酸溶液（100g/L）　溶解 10g 抗坏血酸于水中，并稀释至 100mL。此溶液贮存于棕色试剂瓶中，冷藏可稳定数周。

（4）酒石酸锑氧钾溶液　溶解 0.35g 酒石酸锑氧钾（$KSbOC_4H_4O_6 \cdot 1/2H_2O$）于 100mL 水中。

（5）钼酸盐溶液　溶解 13g 钼酸铵 $[(NH_4)_6Mo_7O_{24} \cdot 4H_2O]$ 于 100mL 水中，在不断搅拌下把钼酸铵溶液慢慢加到 300mL 硫酸溶液（1+1）中，加 100mL 酒石酸锑氧钾溶液并混合均匀。

（6）浊度-色度补偿液　混合两体积硫酸溶液（1+1）和一体积抗坏血酸溶液。使用当天配制。

（7）磷标准贮备液（$50.0\mu g/mL$）　称取 0.2197g 于 110℃ 干燥 2h 的磷酸二氢钾，用水溶解后转移至 1000mL 容量瓶中，加入 5mL 硫酸溶液（1+1），用水稀释至标线并摇匀。

（8）磷标准工作液（$2.00\mu g/mL$）　将 10.00mL 磷标准贮备溶液转移至 250mL 容量瓶中，用水稀释至标线并混匀。使用当天配制。

（9）酚酞溶液（2.0g/L）　称取 0.2g 酚酞溶于 100mL 乙醇（95%）中。

2. 试样

样品采集于聚乙烯瓶或玻璃瓶中，冷藏保存，或用硫酸酸化至 pH≤2，常温下可保存 7d。

3. 仪器

（1）电子分析天平。

（2）可见分光光度计。

（3）高压蒸汽消毒器。

（4）50mL 具塞磨口比色管。

四、实验内容与步骤

1. 工作曲线的绘制

取 6 个 25mL 比色管，分别加入 0.00、1.00mL、3.00mL、5.00mL、10.00mL、15.00mL 磷标准工作液（2.00μg/mL），加水至 20mL 左右。分别加入 1mL 抗坏血酸溶液，混匀，30s 后加 2mL 钼酸铵-酒石酸锑钾溶液，用水稀释至刻度，混匀。在室温下放置 15min 后，以水作参比在波长 700nm 处测定吸光度。以校正后的吸光度为纵坐标，以磷含量为横坐标，绘制标准曲线。

2. 样品测定

移取 20.00mL 试样于具塞磨口比色管中，加 4mL 过硫酸钾溶液，将具塞刻度管的盖塞紧后，用一小块布和线将玻璃塞扎紧，放在大烧杯中置于高压蒸汽消毒器中加热，待压力达 1.1kg/cm^2（1kgf/cm^2＝98kPa），相应温度为 120℃时，保持 30min 后停止加热。待压力表读数降至零后，取出放冷。向消解液中加入 1mL 抗坏血酸溶液（100g/L），混匀，30s 后加 2mL 钼酸铵-酒石酸锑钾溶液，用水稀释至 25mL 刻度线，混匀。在室温下放置 15min 后，在 700nm 波长下，以水为参比，测定吸光度。通过标准曲线求出磷的含量。

水样中磷含量（以 P 计）用下式计算：

$$\rho(P) = \frac{(A_s - A_b - a)f}{bV}$$

式中 $\rho(P)$——水样中磷含量（以 P 计），mg/L；

  A_s——样品的吸光度；

  A_b——空白试验的吸光度；

  a——校准曲线的截距；

  b——校准曲线的斜率；

  V——所取水样的体积，mL；

  f——水样的稀释倍数。

📝 **注意事项**

（1）如果不具备压力消解条件，亦可在常压下进行，操作步骤如下。

① 硝酸-高氯酸消解法 取 25mL 试样于锥形瓶中，加数粒玻璃珠，加 2mL 硝酸，在电热板上加热浓缩至 10mL。冷却后加 5mL 硝酸，再加热浓缩至 10mL，放冷。加 3mL 高氯酸，加热至高氯酸冒白烟，此时可在锥形瓶上加小漏斗或调节电热板温度，使消解液在锥形瓶内壁保持回流状态，直至剩下 3～4mL，放冷。加水 10mL，加 1 滴酚酞指示剂，滴加氢氧化钠溶液（6mol/L）至刚呈微红色，再滴加硫酸溶液（1＋36）使微红色刚好褪去，充分混匀。移至 50mL 容量瓶中，用水稀释至标线。

② 过硫酸钾消解法 取适量混匀水样（含磷不超过 30μg）于 150mL 锥形瓶中，加水至 50mL，加数粒玻璃珠，加 1mL 硫酸溶液（3＋7），5mL 过硫酸钾溶液，置电热板或可调电炉上加热煮沸，调节温度使保持微沸 30～40min，至最后体积为 10mL 止。放冷，加 1 滴酚酞指示剂，滴加氢氧化钠溶液至刚呈微红色，再滴加 1mol/L 硫酸溶液使红色褪去，充分摇匀。如溶液不澄清，则用滤纸过滤于 50mL 比色管中，用水洗锥形瓶及滤纸，一并移入比色管中，加水至标线。

（2）如试样浑浊或有颜色时，需配制一个空白试样（消解后用水稀释至标线），然后向试样中加入 3mL 浊度-色度补偿液，但不加抗坏血酸溶液和钼酸盐溶液。然后从试样的吸光度中扣除空白试样的吸光度。

（3）若显色时室温低于 13℃，可在 20～30℃ 水浴上显色 15min。

五、数据记录与处理

1. 标准曲线绘制

序号	0	1	2	3	4	5
磷标准工作液的体积/mL	0.00	1.00	3.00	5.00	10.00	1500
总磷(以 P 计)的量/μg	0.00	2.00	6.00	10.00	20.0	30.0
吸光度						
线性回归方程						
线性相关性系数						

2. 水样的测定

序 号	1	2	3
水样的体积/mL			
水样的吸光度 A_s			
空白试验 A_b			
水样中总磷含量/(mg/L)			
水样中总磷含量平均值/(mg/L)			

六、思考题

1. 浊度-色度补偿液在什么情况下使用？
2. 在进行水样消解时，采用压力消解法有何优点？

实验十

水中常见八种阴离子的测定
（离子色谱法）

一、实验目的

掌握离子色谱法测定水中 F^-、Cl^-、NO_2^-、Br^-、NO_3^-、PO_4^{3-}、SO_3^{2-} 和 SO_4^{2-} 的

原理和方法。

二、方法原理

水中可溶性无机阴离子 F^-、Cl^-、NO_2^-、Br^-、NO_3^-、PO_4^{3-}、SO_3^{2-} 和 SO_4^{2-}，经阴离子色谱柱交换分离，抑制型电导检测器检测，根据保留时间定性，以峰高或峰面积定量。

三、试剂、试样与仪器

1. 试剂

（1）氟化钠（NaF，优级纯）。

（2）氯化钠（NaCl，优级纯）。

（3）溴化钾（KBr，优级纯）。

（4）亚硝酸钠（$NaNO_2$，优级纯）。

（5）硝酸钾（KNO_3，优级纯）。

（6）磷酸二氢钾（KH_2PO_4，优级纯）。

（7）亚硫酸钠（Na_2SO_3，优级纯）。

（8）甲醛（HCHO，40%）。

（9）无水硫酸钠（Na_2SO_4，优级纯）。

（10）碳酸钠（Na_2CO_3）。

（11）碳酸氢钠（$NaHCO_3$）。

（12）氢氧化钠（NaOH，优级纯）。

（13）氟离子标准贮备液（1000mg/L） 准确称取 2.2100g 氟化钠溶于适量水中，转移至 1000mL 容量瓶中，用水稀释定容至标线，混匀，转移至聚乙烯瓶中。

（14）氯离子标准贮备液（1000mg/L） 准确称取 1.6485g 氯化钠溶于适量水中，转移至 1000mL 容量瓶，用水稀释定容至标线，混匀，转移至聚乙烯瓶中。

（15）溴离子标准贮备液（1000mg/L） 准确称取 1.4875g 溴化钾溶于适量水中，转移至 1000mL 容量瓶中，用水稀释定容至标线，混匀，转移至聚乙烯瓶中。

（16）亚硝酸根标准贮备液（1000mg/L） 准确称取 1.4997g 亚硝酸钠溶于适量水中，转移至 1000mL 容量瓶中，用水稀释定容至标线，混匀，转移至聚乙烯瓶中。

（17）硝酸根标准贮备液（NO_3^-，1000mg/L） 准确称取 1.6304g 硝酸钾溶于适量水中，转移至 1000mL 容量瓶中，用水稀释定容至标线，混匀，转移至聚乙烯瓶中。

（18）磷酸根标准贮备液（PO_4^{3-}，1000mg/L） 准确称取 1.4316g 磷酸二氢钾溶于适量水中，转移至 1000mL 容量瓶中，用水稀释定容至标线，混匀，转移至聚乙烯瓶中。

（19）亚硫酸根标准贮备液（SO_3^{2-}，1000mg/L） 准确称取 1.5750g 亚硫酸钠溶于适量水中，转移至 1000mL 容量瓶中，加入 1mL 甲醛进行固定，用水稀释定容至标线，混匀，转移至聚乙烯瓶中。

（20）硫酸根标准贮备液（SO_4^{2-}，1000mg/L） 准确称取 1.4792g 无水硫酸钠溶于适量水中，转移至 1000mL 容量瓶中，用水稀释定容至标线，混匀，转移至聚乙烯瓶中。

（21）混合标准工作液 分别移取 10.0mL 氟离子标准贮备液、200.0mL 氯离子标准贮备液、10.0mL 溴离子标准贮备液、10.0mL 亚硝酸根标准贮备液、100.0mL 硝酸根标准贮备液、50.0mL 磷酸根标准贮备液、50.0mL 亚硫酸根标准贮备液、200.0mL 硫酸根标准贮备液于 1000mL 容量瓶中，用水稀释定容至标线，混匀。配制成含有 10mg/L 的 F^-、200mg/L Cl^-、10mg/L Br^-、10mg/L NO_2^-、100mg/L NO_3^-、50mg/L PO_4^{3-}、50mg/L SO_3^{2-} 和 200mg/L SO_4^{2-} 的混合标准工作液。

(22) 碳酸盐淋洗液 1 $[c(Na_2CO_3)=6.0mmol/L，c(NaHCO_3)=5.0mmol/L]$ 准确称取 1.2720g 碳酸钠和 0.8400g 碳酸氢钠，分别溶于适量水中，转移至 2000mL 容量瓶，用水稀释定容至标线，混匀。

(23) 碳酸盐淋洗液 2 $[c(Na_2CO_3)=3.2mmol/L，c(NaHCO_3)=1.0mmol/L]$ 准确称取 0.6784g 碳酸钠和 0.1680g 碳酸氢钠，分别溶于适量水中，转移至 2000mL 容量瓶，用水稀释定容至标线，混匀。

(24) 氢氧化钾淋洗液　由淋洗液自动电解发生器在线生成。

(25) 氢氧化钠淋洗液（100mmol/L）　称取 100.0g 氢氧化钠，加入 100mL 水，搅拌至完全溶解，于聚乙烯瓶中静置 24h，制得氢氧化钠贮备液。移取 5.20mL 氢氧化钠贮备液于 1000mL，用水稀释定容至标线，混匀后立即转移至淋洗液瓶中。

2. 试样

采集样品盛放在硬质玻璃瓶或聚乙烯瓶中。若测定 SO_3^{2-}，样品采集后，必须立即加入 0.1% 的甲醛进行固定；其余阴离子的测定不需加固定剂。

3. 仪器

(1) 电子分析天平。

(2) 离子色谱仪　由离子色谱仪、操作软件及所需附件组成的分析系统。

① 色谱柱　阴离子分离柱（聚二乙烯基苯/乙基乙烯苯/聚乙烯醇基质，具有烷基季铵或烷醇季铵功能团、亲水性、高容量色谱柱）和阴离子保护柱。

② 阴离子抑制器。

③ 电导检测器。

(3) 抽气过滤装置　配有孔径≤0.45μm 乙酸纤维或聚乙烯滤膜。

(4) 一次性水系微孔滤膜针筒过滤器，孔径 0.45μm。

(5) 一次性注射器　1~10mL。

(6) 预处理柱　聚苯乙烯-二乙烯基苯为基质的 RP 柱或硅胶为基质键合 C18 柱（去除疏水性化合物）；H 型强酸性阳离子交换柱或 Na 型强酸性阳离子交换柱（去除重金属和过渡金属离子）等类型。

四、实验内容与步骤

1. 离子色谱分析参考条件

(1) 参考条件 1　碳酸盐淋洗液 1，流速为 1.0mL/min，进样量为 25μL，抑制型电导检测器。在此参考条件下的阴离子标准溶液色谱图（如图 10-4 所示）。

碳酸盐淋洗液 2，流速为 0.7mL/min，进样量为 25μL，抑制型电导检测器，连续自循环再生抑制器，CO_2 抑制器。在此参考条件下的阴离子标准溶液色谱图（如图 10-5 所示）。

(2) 参考条件 2　氢氧根淋洗液，流速为 1.2mL/min，梯度淋洗，抑制型电导检测器，进样量为 25μL。在此参考条件下的阴离子标准溶液色谱图（如图 10-6 所示）。

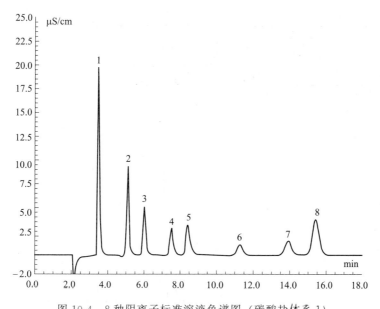

图 10-4　8 种阴离子标准溶液色谱图（碳酸盐体系 1）

1—F^-；2—Cl^-、3—NO_2^-；4—Br^-；5—NO_3^-；6—HPO_4^{2-}；7—SO_3^{2-}；8—SO_4^{2-}

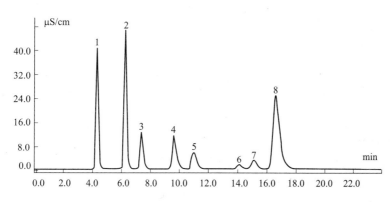

图 10-5　8 种阴离子标准溶液色谱图（碳酸盐体系 2）

1—F^-；2—Cl^-、3—NO_2^-；4—Br^-；5—NO_3^-；6—HPO_4^{2-}；7—SO_3^{2-}；8—SO_4^{2-}

2. 标准曲线绘制

分别准确移取 0.00、1.00mL、2.00mL、5.00mL、10.0mL、20.0mL 混合标准工作液于一组 100mL 容量瓶中，用水定容至标线，混匀，配成 F^-、Cl^-、NO_2^-、Br^-、NO_3^-、PO_4^{3-}、SO_3^{2-} 和 SO_4^{2-} 不同浓度的标准系列。

离子浓度	1	2	3	4	5	6
F^-/(mg/L)	0.00	0.10	0.20	0.50	1.00	2.00
Cl^-/(mg/L)	0.00	2.00	4.00	10.0	20.0	40.0
NO_2^-/(mg/L)	0.00	0.10	0.20	0.50	1.00	2.00
Br^-/(mg/L)	0.00	0.10	0.20	0.50	1.00	2.00
NO_3^-/(mg/L)	0.00	1.00	2.00	5.00	10.0	20.0
PO_4^{3-}/(mg/L)	0.00	0.50	1.00	2.50	5.00	10.00

续表

离子浓度	1	2	3	4	5	6
SO_3^{2-}/(mg/L)	0.00	0.50	1.00	2.50	5.00	10.00
SO_4^{2-}/(mg/L)	0.00	2.00	4.00	10.0	20.0	40.0

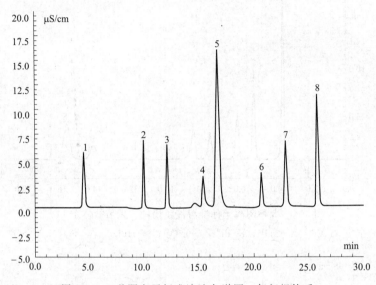

图 10-6　8 种阴离子标准溶液色谱图（氢氧根体系）

1—F^-；2—Cl^-；3—NO_2^-；4—SO_3^{2-}；5—SO_4^{2-}；6—Br^-；7—NO_3^-；8—PO_4^{3-}

按浓度由低到高的顺序依次进样，记录峰面积（或峰高）。以各离子的质量浓度为横坐标，峰面积（或峰高）为纵坐标分别绘制每种阴离子的标准曲线。

3. 试样制备及测定

对于不含疏水性化合物、重金属或过渡金属离子等干扰物质的清洁水样，经配有孔径≤0.45μm 乙酸纤维或聚乙烯滤膜的抽气过滤装置过滤后，可直接进样；也可用带有水系微孔滤膜针筒过滤器的一次性注射器进样。对含干扰物质的复杂水质样品，必须用聚苯乙烯-二乙烯基苯为基质的 RP 柱或硅胶为基质键合 C_{18} 柱去除疏水性化合物，用 H 型强酸性阳离子交换柱或 Na 型强酸性阳离子交换柱去除重金属和过渡金属离子，然后再进样。

按照与绘制标准曲线相同的色谱条件和步骤，将试样注入离子色谱仪，以保留时间定性，以峰高或峰面积定量。同时进行空白实验。

样品中无机阴离子（F^-、Cl^-、NO_2^-、Br^-、NO_3^-、PO_4^{3-}、SO_3^{2-} 和 SO_4^{2-}）浓度按下式计算：

$$\rho_i = \frac{(A_i - A_{i0} - a)f}{b}$$

式中　ρ_i——试样中 i 组分的含量，mg/L；

　　　A_i——试样中 i 组分的峰面积；

　　　A_{i0}——空白试验 i 组分的峰面积；

　　　a——校准曲线的截距；

　　　b——校准曲线的斜率；

　　　f——水样的稀释倍数。

📝 注意事项

（1）由于 SO_3^{2-} 在环境中极易氧化成 SO_4^{2-}，为防止其氧化，可在配制 SO_3^{2-} 贮备液时，加入 0.1% 甲醛进行固定。标准系列可采用（7＋1）方式制备，即配置成 7 种阴离子混合标准系列和 SO_3^{2-} 单独标准系列。

（2）分析废水样品时，所用的预处理柱应能有效去除样品基质中的疏水性化合物、重金属或过渡金属离子，同时对测定的阴离子不发生吸附。

（3）除非另有说明，分析时均使用符合国家标准的分析纯试剂。实验用水为电阻率不小于 $18M\Omega \cdot cm$（25℃），并经过 $0.45\mu m$ 微孔滤膜过滤的去离子水。

（4）标准曲线的相关系数应不小于 0.995，否则应重新绘制标准曲线。

五、数据记录与处理

1. 标准曲线绘制（以 Cl^- 为例）

序号	1	2	3	4	5	6
混合标准液的体积/mL	0.00	1.00	2.00	5.00	10.0	20.0
Cl^- 的含量/(mg/L)	0.00	2.00	4.00	10.0	20.0	40.0
峰面积						
线性回归方程						
线性相关性系数						

2. 水样的测定

项目	F^-	Cl^-	NO_2^-	Br^-	NO_3^-	PO_4^{3-}	SO_3^{2-}	SO_4^{2-}
稀释倍数 f								
A_i								
A_{i0}								
ρ_i/(mg/L)								

六、思考题

1. 试比较采用不同淋洗液时，F^-、Cl^-、NO_2^-、Br^-、NO_3^-、PO_4^{3-}、SO_3^{2-} 和 SO_4^{2-} 的出峰顺序。

2. 试比较采用同一淋洗液时，浓度相同组分的峰高或峰面积大小。

实验十一

水中六价铬、三价铬和总铬的测定
（二苯碳酰二肼分光光度法）

一、实验目的

掌握二苯碳酰二肼分光光度法测定水中六价铬、三价铬和总铬的原理和方法。

二、方法原理

水样中可能含有六价铬和三价铬。在酸性条件下，用高锰酸钾将试样中的三价铬氧化为六价铬，六价铬离子与二苯碳酰二肼反应，生成紫红色化合物，其最大吸收波长为 540nm，吸光度大小与浓度的关系遵循比尔定律，测定的为总铬浓度。

水样不进行氧化处理，测定的为六价铬浓度。总铬浓度与六价铬浓度的差值即为三价铬浓度。

三、试剂、试样与仪器

1. 试剂

(1) 硫酸（H_2SO_4，98%，1.84g/mL）；硫酸溶液（1+1）。

(2) 磷酸溶液（1+1）。

(3) 氨水（1+1）。

(4) 氢氧化钠溶液（2g/L）。

(5) 高锰酸钾溶液（40g/L）。

(6) 亚硝酸钠（20g/L）。

(7) 尿素溶液（200g/L）。

(8) 丙酮（CH_3COCH_3）。

(9) 铜铁试剂溶液（50g/L） 称取铜铁试剂（$C_6H_{10}N_3O_2$）5g，溶于冰水中，稀释至 100mL。临用时新配。

(10) 铬标准贮备液（0.1000mg/mL） 称取于 120℃ 干燥 2h 的重铬酸钾（优级纯）0.2829g，用水溶解，移入 1000mL 容量瓶中，用水稀释至标线，摇匀。

(11) 铬标准工作液（1.000μg/mL） 吸取 2.50mL 铬标准贮备液于 250mL 容量瓶中，用水稀释至标线，摇匀。使用当天配制。

(12) 二苯碳酰二肼溶液（2g/L） 称取二苯碳酰二肼（简称 DPC，$C_{13}H_{14}N_4O$）0.2g，溶于 50mL 丙酮中，加水稀释至 100mL，摇匀，贮于棕色瓶内，置于冰箱中保存。颜色变深后不能再用。

2. 试样

取自地表水、工业废水或配制水样，采样后用硝酸调节 pH≤2。

3. 仪器

(1) 电子分析天平。

(2) 可见分光光度计。

四、实验内容与步骤

1. 标准曲线的绘制

取 6 支 25mL 比色管，依次加入 0.00、0.50mL、2.00mL、4.00mL、6.00mL 和 10.00mL 铬标准工作液，加 10mL 水，加入 0.5mL 硫酸（1+1）和 0.5mL 磷酸（1+1），摇匀。加入 2mL 二苯碳酰二肼溶液，用水稀释至标线，摇匀。5~10min 后，于 540nm 波长处，用 1cm 比色皿，以水为参比，测定吸光度。以吸光度为纵坐标，相应六价铬含量为横坐标绘制标准曲线，并求线性回归方程。

2. 水样测定

（1）六价铬的测定　移取适量（含铬少于 $50\mu g$）无色透明或经预处理的水样于 25mL 比色管中，按标准曲线绘制同样方法，测定溶液的吸光度。同时进行空白实验。

水样中六价铬含量用下式计算：

$$\rho(六价铬, mg/L) = \frac{(A_s - A_b - a)f}{bV}$$

式中　A_s——样品的吸光度；

A_b——空白实验的吸光度；

a——校准曲线的截距；

b——校准曲线的斜率；

V——所取水样的体积，mL；

f——水样的稀释倍数。

（2）总铬的测定　取 50.00mL 水样于 250mL 锥形瓶中，用氨水（1+1）或硫酸溶液（1+1）调节 pH 至中性，放入几粒玻璃珠，加入 0.5mL 硫酸溶液（1+1）、0.5mL 磷酸溶液，摇匀，滴加高锰酸钾溶液，使溶液保持微红色。加热煮沸使溶液蒸发至 20mL 左右。取下冷却，加入 1mL 尿素溶液，滴加亚硝酸钠溶液至高锰酸钾红色刚好褪去，待气泡全部逸出，转移至 50mL 比色管中，定容至标线。

移取适量处理过的水样于 25mL 比色管中，按标准曲线绘制同样方法，测定溶液的吸光度。同时进行空白实验。

水样中总铬含量用下式计算：

$$\rho(总铬, mg/L) = \frac{(A_s - A_b - a)f}{bV}$$

式中　A_s——样品的吸光度；

A_b——空白实验的吸光度；

a——校准曲线的截距；

b——校准曲线的斜率；

V——所取水样的体积，mL；

f——水样的稀释倍数。

则三价铬含量为：

$$\rho(三价铬) = \rho(总铬) - \rho(六价铬)$$

📝 **注意事项**

（1）对于不含悬浮物、低色度的清洁地面水，可直接进行测定。

（2）对于浑浊、色度较深的水样，应加入氢氧化锌共沉淀剂，并进行过滤处理。

（3）如水样中存在次氯酸盐等氧化性物质时，可加入尿素和亚硝酸钠消除。

（4）若水样中含有大量有机物时需进行消解处理。取 50.00mL 水样于 250mL 锥形瓶中，加入 5mL 硝酸和 3mL 硫酸，蒸发至冒白烟，若溶液仍有颜色，再加入 5mL 硝酸，重复上述操作。

（5）若水样中含有钼、钒、铁、铜等，可采用铜铁试剂-氯仿萃取法除去。取 50.00mL 水样于 100mL 分液漏斗中，用氨水（1+1）调节 pH 至中性。加入 3mL 硫酸溶液（1+1），用冰水冷却后，加入 5mL 铜铁试剂，振摇 1min，置于冰水中冷却 2min，每次用 5mL 氯仿萃取三次，弃去氯仿层。

五、数据记录与处理

1. 标准曲线绘制

序号	0	1	2	3	4	5
铬标准工作液的体积/mL	0	0.50	2.00	4.00	6.00	10.00
铬的含量/μg	0	0.50	2.00	4.00	6.00	10.0
吸光度						
线性回归方程						
线性相关性系数						

2. 水样中六价铬含量

序号	1	2	3
水样的体积/mL			
样品的吸光度			
水样中六价铬的含量/(mg/L)			
水样中六价铬的含量平均值/(mg/L)			

3. 水样中总铬含量

序号	1	2	3
水样的体积/mL			
样品的吸光度			
水样中总铬含量/(mg/L)			
水样中总铬含量平均值/(mg/L)			

六、思考题

1. 测总铬时，加入高锰酸钾、尿素和亚硝酸钠试剂的作用是什么？

2. 绘制标准曲线时，取 6 支 50mL 比色管，依次加入 0.00、0.50mL、2.00mL、4.00mL、6.00mL 和 10.00mL 铬标准工作液，加水 10mL，加入 0.5mL 硫酸（1+1）和 0.5mL 磷酸（1+1），摇匀，加入 2mL 二苯碳酰二肼溶液。一同学将溶液稀释至 25mL 标线，另一同学将溶液稀释至 50mL 标线，结果有何不同？

实验十二

环境空气中氮氧化物的测定
（盐酸萘乙二胺分光光度法）

一、实验目的

掌握盐酸萘乙二胺分光光度法测定环境空气中氮氧化物的原理和方法。

二、方法原理

空气中的二氧化氮被串联的第一支吸收瓶中的吸收液吸收并反应生成粉红色偶氮染料。空气中的一氧化氮不与吸收液反应，通过氧化管时被酸性高锰酸钾溶液氧化为二氧化氮，被串联的第二支吸收瓶中的吸收液吸收并反应生成粉红色偶氮染料。生成的偶氮染料在波长540nm 处的吸光度与二氧化氮的含量成正比。分别测定第一支和第二支吸收瓶中样品的吸光度，计算两支吸收瓶内二氧化氮和一氧化氮的浓度，二者之和即为氮氧化物的浓度（以 NO_2 计）。

三、试剂、试样与仪器

1. 试剂

（1）冰乙酸（CH_3COOH，70%～72%，1.60g/mL）。

（2）硫酸溶液（2mol/L）。

（3）亚硝酸钠（$NaNO_2$，优级纯）。

（4）盐酸羟胺溶液（0.2～0.5g/L）。

（5）酸性高锰酸钾溶液（25g/L） 称取 25g 高锰酸钾于 1000mL 烧杯中，加入 500mL 水，稍微加热使其全部溶解，然后加入 500mL 硫酸溶液（2mol/L），搅拌均匀，贮于棕色试剂瓶中。

（6）N-(1-萘基）乙二胺盐酸盐储备液 称取 0.50g N-(1-萘基）乙二胺盐酸盐 [$C_{10}H_7NH(CH_2)_2NH_2 \cdot 2HCl$] 溶解于 500mL 容量瓶中，用水稀释至刻度。

（7）显色液 称取 5.0g 对氨基苯磺酸（$NH_2C_6H_4SO_3H$）溶解于 200mL 热水中，冷却至室温后转移至 1000mL 容量瓶中，加入 50.0mL N-(1-萘基）乙二胺盐酸盐储备液和 50mL 冰乙酸，用水稀释至标线。若呈现淡红色，应弃之重配。此溶液贮于密闭的棕色瓶中，25℃ 以下暗处存放可稳定三个月。

（8）吸收液 使用时将显色液和水按 4：1（体积比）比例混合而成。

（9）亚硝酸钠标准储备液（NO_2^-，250μg/mL） 称取 0.3750g 亚硝酸钠溶于水，移入 1000mL 容量瓶中，用水稀释至标线。贮于棕色瓶中于暗处存放。

（10）亚硝酸钠标准工作液（NO_2^-，2.50μg/mL） 吸取亚硝酸钠标准储备液 2.50mL 于 250mL 容量瓶中，用水稀释至标线。在临用前配制。

2. 试样

测定时现场采集。

3. 仪器

（1）电子分析天平。

（2）可见分光光度计。

（3）空气采样器。

（4）多孔玻板吸收瓶（如图 10-7 所示）。

（5）氧化瓶（如图 10-8 所示）。

四、实验内容与步骤

1. 标准曲线的绘制

取 6 支 10mL 具塞比色管，配制标准溶液系列。

编号	0	1	2	3	4	5
标准溶液的体积/mL	0.00	0.40	0.80	1.20	1.60	2.00
水的体积/mL	2.00	1.60	1.20	0.80	0.40	0.00
显色液的体积/mL	8.0	8.0	8.0	8.0	8.0	8.0
NO_2^- 的含量/($\mu g/mL$)	0.00	1.00	2.00	3.00	4.00	5.00

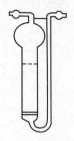

图 10-7 多孔玻板吸收瓶示意图

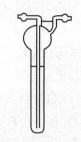

图 10-8 氧化瓶示意图

将各管溶液混匀，于暗处放置 20min（室温低于 20℃时放置 40min 以上），用 1cm 比色皿于波长 540nm 处以水为参比测量吸光度，扣除试剂空白溶液吸光度后，以吸光度为纵坐标，以 NO_2^- 含量为横坐标，绘制标准曲线，得出线性回归方程。

2. 空气样品采集

吸取 10.0mL 吸收液于两个多孔玻板吸收瓶中，在氧化瓶中加入 10mL 酸性高锰酸钾溶液，用尽量短的硅橡胶管按图 10-9 所示连接好管路。以 0.4mL/min 流量采气 4～24L。在采样的同时，记录现场温度和大气压力。

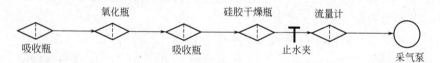

图 10-9 空气样品采样示意图

3. 样品测定

采样后放置 20min（室温 20℃以下放置 40min 以上），用水将吸收管中吸收液的体积补充至标线，混匀，用 1cm 比色皿于波长 540nm 处以水为参比测量吸光度。

用下式分别计算空气中二氧化氮（以 NO_2 计）、一氧化氮（以 NO_2 计）和氮氧化物（以 NO_2 计）的浓度。

$$\rho(NO_2)(NO_2, mg/m^3) = \frac{(A_1 - A_0 - a)}{bfV_s}$$

$$\rho(NO)(NO_2, mg/m^3) = \frac{(A_2 - A_0 - a)}{kbfV_s}$$

$$\rho(NO_x) = \rho(NO) + \rho(NO_2)$$

式中 A_1——第 1 个吸收瓶中样品溶液的吸光度；

A_2——第 2 个吸收瓶中样品溶液的吸光度；

A_0——实验室空白溶液的吸光度；

b——标准曲线的斜率；

a——标准曲线的截距；

V_s——换算成标准状态下（273.15K，101.325kPa）的采样体积，L；

f——Saltzman 系数，0.88（当空气中 NO_2 浓度高于 0.720mg/m³ 时，f 值取 0.77）；

k——NO 被氧化为 NO_2 的转化系数，通常取 0.68。

📝 **注意事项**

（1）一般情况下，内装 10mL 酸性高锰酸钾溶液的氧化瓶可使用 1～2d。采样过程注意观察吸收液颜色变化，避免因氮氧化物质量浓度过高而穿透。

（2）将装有吸收液的吸收瓶带到采样现场，与样品在相同的条件下保存，作为现场空白。

五、数据记录与处理

1. 绘制标准曲线

序号	0	1	2	3	4	5
标准溶液的体积/mL	0.00	0.40	0.80	1.20	1.60	2.00
NO_2^- 的含量/µg	0.00	1.00	2.00	3.00	4.00	5.00
吸光度						
线性回归方程						
线性相关性系数						

2. 测定二氧化氮浓度

序 号	1	2	3
换算成标准状况下的采样体积/L			
第1个吸收瓶中样品溶液的吸光度			
实验室空白溶液的吸光度			
Saltzman 系数			
空气中二氧化氮(以 NO_2 计)的浓度/(mg/m³)			
二氧化氮(以 NO_2 计)的浓度平均值/(mg/m³)			

3. 测定一氧化氮浓度

序 号	1	2	3
换算成标准状况下的采样体积/L			
第2个吸收瓶中样品溶液的吸光度			
实验室空白溶液的吸光度			
Saltzman 系数			
空气中一氧化氮(以 NO_2 计)的浓度/(mg/m³)			
一氧化氮(以 NO_2 计)的浓度平均值/(mg/m³)			

六、思考题

1. 氧化瓶中的酸性高锰酸钾溶液的作用是什么？还可用什么代替？

2. 测定结果中，推导 $\rho(NO)$（以 NO_2 计）与 $\rho(NO)$（以 NO 计）的关系。

实验十三

环境空气中二氧化硫的测定
（甲醛吸收-副玫瑰苯胺分光光度法）

一、实验目的

掌握甲醛吸收-副玫瑰苯胺分光光度法测定环境空气中二氧化硫的原理和方法。

二、方法原理

二氧化硫被甲醛缓冲溶液吸收后，生成稳定的羟甲基磺酸加成化合物。在样品溶液中加入氢氧化钠使加成化合物分解，释放出二氧化硫与副玫瑰苯胺、甲醛作用，生成紫红色化合物，在波长 577nm 处测定吸光度。

三、试剂、试样与仪器

1. 试剂

（1）盐酸（HCl，36%～37%，1.18～1.19g/mL）；盐酸溶液（1+9）。

（2）磷酸（H_3PO_4，85%，1.68g/mL）。

（3）碘酸钾（KIO_3，优级纯）。

（4）碘化钾（KI，优级纯）。

（5）邻苯二甲酸氢钾（$KHC_8H_4O_4$，优级纯）。

（6）氢氧化钠溶液（1.5mol/L）。

（7）甲醛（HCHO，36%～38%）。

（8）环己二胺四乙酸二钠溶液（CDTA，0.05mol/L）　称取 1.82g 反式 1,2-环己二胺四乙酸，加入氢氧化钠溶液 6.5mL，用水稀释至 100mL。

（9）甲醛贮备液　吸取 5.5mL 甲醛溶液（36%～38%）和 20.00mL 环己二胺四乙酸二钠溶液，称取 2.04g 邻苯二甲酸氢钾，溶于少量水中。将三种溶液合并，再用水稀释至 100mL。

（10）甲醛缓冲吸收液　用水将甲醛贮备液稀释 100 倍，临用时现配。

（11）氨磺酸钠溶液（0.60g/100mL）　称取 0.60g 氨磺酸（H_2NSO_3H）置于 100mL 容量瓶中，加入 4.0mL 氢氧化钠溶液，用水稀释至标线，摇匀。

（12）碘贮备液，$c(1/2I_2)=0.1mol/L$。称取 12.7g 碘于烧杯中，加入 40g 碘化钾和 25mL 水，搅拌至完全溶解，用水稀释至 1000mL，贮存于棕色细口瓶中。

（13）碘溶液，$c(1/2I_2)=0.01mol/L$。量取碘贮备液 25mL，用水稀释至 250mL，贮于棕色细口瓶中。

（14）淀粉溶液（0.5g/100mL）　称取 0.5g 可溶性淀粉，用少量水调成糊状，慢慢倒入 100mL 沸水中，继续煮沸至溶液澄清，冷却后贮于试剂瓶中。

（15）碘酸钾标准溶液，$c(1/6KIO_3)=0.1000mol/L$。称取 3.5667g（精确至 0.0001g）

经 110℃ 干燥 2h 的碘酸钾（优级纯），溶于水，移入 1000mL 容量瓶中，用水稀释至标线，摇匀。

（16）硫代硫酸钠贮备液（0.10mol/L） 称取 25.0g 硫代硫酸钠（$Na_2S_2O_3 \cdot 5H_2O$），溶于 1000mL 新煮沸已冷却的水中，加入 0.2g 无水碳酸钠，贮于棕色细口瓶中，放置一周后备用。

（17）硫代硫酸钠标准溶液（0.01mol/L） 取 25.00mL 硫代硫酸钠贮备液置于 250mL 容量瓶中，用新煮沸但已冷却的水稀释至标线，摇匀。

（18）乙二胺四乙酸二钠盐（EDTA）溶液（0.05g/100mL） 称取 0.25g 乙二胺四乙酸二钠盐溶于 500mL 新煮沸但已冷却的水中，临用时现配。

（19）亚硫酸钠溶液 称取 0.200g 亚硫酸钠（Na_2SO_3），溶于 200mL EDTA 溶液中，缓缓摇匀以防充氧，使其溶解。放置 2～3h 后标定。此溶液每毫升相当于 320～400μg 二氧化硫。

（20）二氧化硫的标准贮备液（10.00μg/mL） 标定出亚硫酸钠溶液准确浓度后，立即用甲醛吸收液稀释为每毫升含 10.00μg 二氧化硫的标准溶液贮备液。

（21）二氧化硫的标准工作液（1.00μg/mL） 临用时用甲醛吸收液将二氧化硫的标准贮备液稀释为每毫升含 1.00μg 二氧化硫的标准溶液。

（22）副玫瑰苯胺贮备液（PRA，2.0g/L）。

（23）副玫瑰苯胺使用液（0.5g/L） 吸取 25.00mL PRA 贮备液于 100mL 容量瓶中，加 30mL 磷酸（85%），12mL 盐酸（35%），用水稀释至标线，摇匀，放置过夜后使用。

2. 试样

测定时现场采集。

3. 仪器

（1）电子分析天平。

（2）可见分光光度计。

（3）大气采样器，流量 0～1L/min。

（4）25mL 比色管。

（5）多孔玻璃吸收管。

四、实验内容与步骤

1. 标准溶液的标定

（1）硫代硫酸钠标准溶液的标定 吸取 10.00mL 碘酸钾标准溶液分别置于 250mL 碘量瓶中，加 70mL 新煮沸并已冷却的水，加 1g 碘化钾，振摇至完全溶解后，加 10mL 盐酸溶液（1+9），立即盖好瓶塞，摇匀。于暗处放置 5min 后，用硫代硫酸钠标准溶液滴定溶液至浅黄色，加 2mL 淀粉溶液，继续滴定至溶液蓝色刚好褪去为终点。

（2）亚硫酸钠溶液标定 吸取 25.00mL 亚硫酸钠溶液于 250mL 碘量瓶中，加入 50mL 新煮沸并已冷却的水，25.00mL 碘溶液及 1mL 冰乙酸，盖塞，摇匀。于暗处放置 5min 后，用硫代硫酸钠标准溶液滴定溶液至浅黄色，加入 2mL 淀粉溶液，继续滴定至溶液蓝色刚好褪去为终点。

吸取 25.00mL EDTA 溶液于 250mL 碘量瓶中，用同样的方法进行空白实验。

2. 标准曲线的绘制

取 14 支 10mL 具塞比色管，分 A、B 两组，每组 7 支，分别对应编号。

A 组按下表配制二氧化硫校准溶液系列。

编号	0	1	2	3	4	5	6
SO$_2$ 标准工作液的体积/mL	0.00	0.50	1.00	2.00	5.00	8.00	10.00
甲醛缓冲吸收液的体积/mL	10.00	9.50	9.00	8.00	5.00	2.00	0.00
二氧化硫含量/μg	0.00	0.50	1.00	2.00	5.00	8.00	10.00

A 组各管分别加入 0.5mL 氨磺酸钠溶液和 0.5mL 氢氧化钠溶液，混匀。

再逐管迅速将溶液全部倒入对应编号并盛有 1.00mL 副玫瑰苯胺使用液的 B 管中，立即加塞混匀后放入恒温水浴中显色。显色温度与室温之差应不超过 3℃，根据不同季节和环境条件按下表选择显色温度与显色时间。

显色温度/℃	10	15	20	25	30
显色时间/min	40	25	20	15	5
稳定时间/min	35	25	20	15	10
试剂空白吸光度 A_0	0.030	0.035	0.040	0.050	0.060

显色完成后，用 1cm 比色皿，以水为参比，在波长 577nm 处测定吸光度。以校准后吸光度为纵坐标，以二氧化硫含量为横坐标，绘制标准曲线。

3. 样品的采集和测定

根据空气中二氧化硫浓度的高低，采用内装 10mL 吸收液的 U 形多孔玻板吸收管，以 0.5L/min 的流量采样。采样时吸收液温度的最佳范围为 23～29℃。

样品溶液中如有混浊物，应离心分离除去。样品放置 20min. 以使臭气分解。

将吸收管中样品溶液全部移入 10mL 比色管中，用甲醛吸收液稀释至标线，加 0.5mL 氨磺酸钠溶液，混匀，放置 10min 以除去氮氧化物的干扰。加入 0.5mL 氢氧化钠溶液，混匀。速将溶液全部倒入盛有 1.00mL 副玫瑰苯胺使用液的 B 管中，立即加塞混匀后放入恒温水浴中显色。显色完成后，用 1cm 比色皿，以水为参比，在波长 577nm 处测定吸光度。

空气中二氧化硫的浓度按下式计算：

$$\rho(SO_2) = \frac{(A - A_0) - a}{bV_s}$$

式中　$\rho(SO_2)$——空气中二氧化硫的浓度，mg/m^3；

　　　　A——样品溶液的吸光度；

　　　　A_0——试剂空白溶液的吸光度；

　　　　a——回归方程的截距；

　　　　b——回归方程的斜率；

　　　　V_s——换算成标准状况下（0℃，101.325kPa）时的采样体积，L。

注意事项

（1）要求标准的校准曲线斜率为（0.044±0.002），截距一般要求小于0.005。试剂空白吸光度 A_0 在显色规定条件下波动范围不超过±15%。

（2）正确掌握显色温度、显色时间，特别在 25~30℃ 条件下，严格控制反应条件是实验成败的关键。

（3）如样品吸光度超过校准曲线上限，可用试剂空白溶液稀释，在数分钟内再测量吸光度，但稀释倍数不要大于6倍。

五、思考题

1. 甲醛吸收-副玫瑰苯胺分光光度法测定环境空气中二氧化硫时，如何正确选择显色温度和时间？

2. 甲醛吸收-副玫瑰苯胺分光光度法测定环境空气中二氧化硫时，对标准的校准曲线斜率、截距有何要求？

实验十四

室内环境空气中甲醛的测定
（甲醛测定仪快速测定法）

一、实验目的及要求

掌握甲醛测定仪快速测定室内环境空气中甲醛的原理和方法。

二、方法原理

空气中的甲醛与采样管吸收液中的酚试剂反应生成嗪，嗪在酸性溶液中被铁离子氧化形成蓝绿色化合物，甲醛测定仪在设定的波长处（630nm）测定，用仪器内置的计算方法直接显示出室内环境中甲醛的浓度。

三、试剂、试样与仪器

1. 试剂
（1）甲醛试剂瓶 A（白色瓶盖）　购买的试剂套组。
（2）甲醛试剂瓶 B（蓝色瓶盖）　购买的试剂套组。

2. 试样
按要求现场采集。

3. 仪器
室内空气质量监测仪。

四、实验内容与步骤

1. 仪器设置

室内空气质量监测仪（如图 10-10 所示）。打开电源开关，数码显示屏上显示四个零。按"设定"键，数码显示为"1-00"，按"增加键"，数码显示为"1-01"，并闪烁，进入第一气路甲醛的设置。

> **注意**
>
> 显示数字 1～6 依次对应相应的检测项目为 1 为甲醛、2 为苯、3 为氨、4 为甲苯、5 为二甲苯、6 为 TVOC。

设定采样时间：建议采样时间 10min，流量 1L/min，共采样 10L，在采样体积不变的情况下可自行调节时间和流量。

> **注意**
>
> 流量计读数以转子的中心为准，如果转子上下波动，以波动中心位置读数为准。

按"启动/停止"键，仪器开始工作，工作指示灯亮。调节流量为设定值，用流量计下方的调节旋钮进行调节。仪器自动计时，时满自动停止，工作指示灯灭。

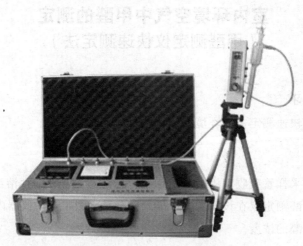

图 10-10　室内空气质量监测仪

2. 样品采集

将气泡吸收瓶放到仪器支架上或插入仪器左上角"采样瓶"孔内，硅胶管一端连接在吸收瓶的出气口，另一端连接甲醛气路。

> **注意**
>
> 使吸收管距离地面 0.8～1.5m。

将甲醛试剂瓶 A（白色瓶盖）打开，加水至 5mL，盖上瓶盖，摇动使试剂全部溶解。打开吸收瓶的内玻璃管，将吸收液全部倒入气泡吸收瓶中，再放回内玻璃管并使磨口接口密实。

打开电源开关，指示灯亮，仪器蜂鸣器工作 3s 后停止。手动时间设置旋钮位于 10min 处，按下需要进行工作气路下方相对应的开关，启动仪器进行采样。

3. 显色

采样结束后将吸收瓶中的吸收液全部倒入甲醛试剂瓶 B（蓝色瓶盖）中，加盖振摇 30s，使试剂完全溶解。用手握紧试剂瓶 B，用体温加热 5～15min，使溶液显色稳定。

4. 测定

点击甲醛测定区域"校零"按键，使数字显示为"0.00"状态。将完成显色的甲醛试剂管 B 放入比色槽中进行光度检测，然后按"测定"键，显示屏会显示检测数据结果。按"P"键可按格式打印出检测结果。

五、思考题

试比较甲醛测定仪快速测定法、酚试剂分光光度法和电化学传感器法测定室内环境空气中甲醛的优缺点。

实验十五

土壤阳离子交换量的测定
（钡盐交换–酸碱滴定法）

一、实验目的

掌握土壤阳离子交换量的测定原理和方法。

二、方法原理

土壤阳离子交换性能，是指土壤溶液中的阳离子与土壤固相的阳离子之间所进行的交换作用。它是由土壤胶体表面性质所决定。土壤胶体指土壤中黏土矿物与腐殖酸以及相互结合形成的复杂的有机矿物质复合体，其所吸收的阳离子包括 K^+、Na^+、Mg^{2+}、NH_4^+、H^+、Al^{3+} 等。土壤交换性能对于研究污染物的环境行为有重大意义。

阳离子交换量（cation exchange capacity，简称 CEC），是指土壤胶体所能吸附的各种阳离子的总量，以每千克土壤交换阳离子的物质的量（摩尔）表示。

土壤阳离子交换量的测定受多种因素的影响，如交换剂的性质、盐溶液浓度和 pH、淋洗方法等。联合国粮农组织规定用于土壤分类的土壤分析中使用经典的中性乙酸铵法或乙酸钠法。中性乙酸铵法也是我国土壤和农化实验室所采用的常规分析方法，适于酸性和中性土壤。

本实验采用的是快速法测定阳离子交换量。土壤中存在的各种阳离子可被某些中性盐（$BaCl_2$）水溶液中的阳离子（Ba^{2+}）等价交换。再用强电解质（硫酸溶液）把交换到土壤中的 Ba^{2+} 交换下来，同时生成硫酸钡沉淀。交换过程如图 10-11 所示。通过测定交换反应前后硫酸含量的变化，可以计算出消耗硫酸的量，进而计算出阳离子交换量。

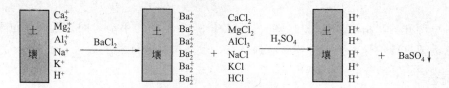

图 10-11　土壤阳离子交换过程示意图

三、试剂、试样与仪器

1. 试剂

（1）邻苯二甲酸氢钾（$KHC_8H_4O_4$，基准试剂）。

（2）氯化钡溶液　称取 60g 氯化钡（$BaCl_2 \cdot 2H_2O$）溶于水中，转移至 500mL 容量瓶中，用水定容。

（3）硫酸溶液（0.1mol/L）　移取 5.36mL 浓硫酸至 1000mL 容量瓶中，用水稀释至刻度。

（4）氢氧化钠溶液（0.1mol/L）　称取 2g 氢氧化钠溶解于 500mL 煮沸后冷却的蒸馏水中。其浓度需要标定。

（5）酚酞指示剂（2.0g/L）　称取 0.2g 酚酞溶于 100mL 醇中。

2. 试样

取自污灌区风干土壤样品。

3. 仪器

（1）电子分析天平。

（2）离心机。

（3）滴定分析常用仪器。

四、实验内容与步骤

1. 0.1mol/L 氢氧化钠标准溶液的标定

称取 0.5g（精确至 0.0001g）邻苯二甲酸氢钾于 250mL 锥形瓶中，加 100mL 煮沸后冷却的蒸馏水溶解，加 2 滴酚酞指示剂，用氢氧化钠标准溶液滴定至淡红色。平行测定三次，并做空白实验。

2. 土壤阳离子交换量的测定

在 2 支 100mL 离心管中，分别加入 1.0g 污灌区表层风干土壤样品和 1.0g 深层风干土壤样品。向各管中加入 20mL 氯化钡溶液，用玻棒搅拌 4min 后，以 3000r/min 转速离心至下层土样紧实为止。弃去上层清液，再加 20mL 氯化钡溶液，重复上述操作。

在各离心管内加 20mL 蒸馏水，用玻棒搅拌 1min 后，离心沉降，弃去上层清液。移取 25.00mL 硫酸溶液（0.1mol/L）至各离心管中，振摇 10min 后，放置 20min，离心沉降，将上清液分别倒入 2 支离心试管中，再从各离心试管中分别移取 10.00mL 上清液至 2 只 250mL 锥形瓶中，分别加入 10mL 去离子水、2 滴酚酞指示剂，用氢氧化钠标准溶液滴定至溶液呈淡红色为终点。

移取 10.00mL 0.1mol/L 硫酸溶液至 250mL 锥形瓶中，加入 10mL 去离子水、2 滴酚酞指示剂，用氢氧化钠标准溶液滴定至溶液呈淡红色为终点。记录空白试验消耗氢氧化钠标准溶液的体积。

土壤阳离子交换量（CEC）按下式计算：

$$CEC = \frac{c(V_0 - V_1) \times 2.5}{m}$$

式中　CEC——土壤阳离子交换量，mol/kg；

c——氢氧化钠标准溶液的浓度，mol/L；

V_0——空白试验消耗标准氢氧化钠溶液体积，mL；

V_1——样品溶液消耗标准氢氧化钠溶液体积，mL；

m——土壤样品的质量，g。

注意事项

（1）实验所用的玻璃器皿应洁净干燥，以免造成实验误差。

（2）用不同方法测得的阳离子交换量的数值差异较大，在报告及结果应用时应注明方法。

五、数据记录与处理

1. 标定 0.1mol/L 氢氧化钠溶液

序　号	1	2	3
邻苯二甲酸氢钾的质量/g			
滴定管初读数/mL			
滴定管终读数/mL			
消耗氢氧化钠溶液的体积/mL			
氢氧化钠溶液的浓度/(mol/L)			
氢氧化钠溶液的浓度平均值/(mol/L)			
相对平均偏差			

2. 测定土壤阳离子交换量

序　号	1	2	3
土壤样品的质量/gL			
滴定管初读数/mL			
滴定管终读数/mL			
消耗氢氧化钠溶液的体积/mL			
空白实验消耗氢氧化钠溶液的体积/mL			
土壤阳离子交换量/(mol/kg)			
土壤阳离子交换量平均值/(mol/kg)			

附 录

实验室常用酸碱的密度、质量分数和物质的量浓度

名称	密度 /(g/mL)	质量分数 /%	物质的量浓度 /(mol/L)
盐酸	1.18~1.19	36~38	11.1~12.4
硝酸	1.39~1.40	65~68	14.4~15.2
硫酸	1.83~1.84	95~98	17.8~18.4
磷酸	1.69	85	14.6
高氯酸	1.68	70~72	11.7~12.0
冰乙酸	1.05	99	17.4
氢氟酸	1.13	40	22.5
氢溴酸	1.49	47	8.6
氨水	0.88~0.90	25~28	13.3~14.8

实验室常用基准物质的化学式和干燥方法

名称	化学式	干燥方法
无水碳酸钠	Na_2CO_3	270~300℃灼烧 1h
硼砂	$Na_4B_4O_7 \cdot 10H_2O$	室温保存在装有氯化钠和蔗糖饱和溶液的干燥器内
草酸	$H_2C_2O_4 \cdot 2H_2O$	室温下空气干燥
邻苯二甲酸氢钾	$KHC_8H_4O_4$	110~120℃烘干至恒重
锌	Zn	室温下保存在干燥器中
氧化锌	ZnO	900~1000℃灼烧 1h
氯化钠	$NaCl$	400~450℃灼烧至无爆裂声
硝酸银	$AgNO_3$	220~250℃灼烧 1h

名称	化学式	干燥方法
碳酸钙	CaCO₃	110℃烘至恒重
草酸钠	Na₂C₂O₄	105～110℃烘至恒重
重铬酸钾	K₂Cr₂O₇	140～150℃烘至恒重
溴酸钾	KBrO₃	130℃烘至恒重
碘酸钾	KIO₃	130℃烘至恒重
三氧化二砷	As₂O₃	室温下空气干燥

附录三

实验室常用指示液（剂）

1. 常用酸碱指示液

（1）中性红指示液（5.0g/L） 称取中性红 0.5g，加水溶解，配成 100mL，过滤。变色范围：pH6.8～8.0（红-黄）。

（2）甲酚红指示液（1.0g/L） 称取甲酚红 0.1g，加 0.05mol/L 氢氧化钠溶液 5.3mL 溶解，加水稀释至 100mL。变色范围：pH7.2～8.8（黄-红）。

（3）甲基红指示液（0.5g/L） 称取甲基红 0.1g，加 0.05mol/L 氢氧化钠溶液 7.4mL 溶解，加水稀释至 200mL。变色范围：pH4.2～6.3（红-黄）。

（4）甲基橙指示液（1.0g/L） 称取甲基橙 0.1g，加水 100mL 溶解。变色范围：pH3.2～4.4（红-黄）。

（5）刚果红指示液（5.0g/L） 称取刚果红 0.5g，加 10% 乙醇 100mL 溶解。变色范围：pH3.0～5.0（蓝-红）。

（6）茜素磺酸钠指示液（1.0g/L） 称取茜素磺酸钠 0.1g，加水 100mL 溶解。变色范围：pH3.7～5.2（黄-紫）。

（7）酚酞指示液（2.0g/L） 称取酚酞 0.2g，加乙醇 100mL 溶解。变色范围：pH8.3～10.0（无色-红）。

（8）溴甲酚紫指示液（16g/L） 称取溴甲酚紫 1.6g，加 95% 乙醇 100mL 溶解。变色范围：pH5.2～6.8（黄-紫）。

（9）溴甲酚绿指示液（1g/L） 称取溴甲酚绿 0.1g，加 0.05mol/L 氢氧化钠溶液 2.8mL 溶解，再加水稀释至 200mL。变色范围：pH3.6～5.2（黄-蓝）。

（10）溴酚蓝指示液（0.5g/L） 称取溴酚蓝 0.1g，加 0.1mol/L 氢氧化钠溶液 2.0mL 溶解，再加水稀释至 200mL。变色范围：pH2.8～4.6（黄-蓝绿）。

（11）溴麝香草酚蓝指示液（1g/L） 称取溴麝香草酚蓝 0.1g，加 0.05mol/L 氢氧化钠溶液 3.2mL 溶解，再加水稀释至 200mL。变色范围：pH6.0～7.6（黄-蓝）。

（12）麝香草酚酞指示液（1g/L） 称取麝香草酚酞 0.1g，加乙醇 100mL 溶解。变色范围：pH9.3～10.5（无色-蓝）。

（13）麝香草酚蓝指示液（1g/L）　称取麝香草酚蓝 0.1g，加 0.05mol/L 氢氧化钠溶液 4.3mL 溶解，再加水稀释至 200mL。变色范围：pH1.2～2.8（红-黄），pH8.0～9.6（黄-紫蓝）。

2. 常用混合指示液（剂）

（1）二甲基黄-亚甲蓝混合指示液　取二甲基黄与亚甲蓝各 15mg，加三氯甲烷 100mL，振摇使其溶解（必要时微温），过滤。

（2）甲酚红-麝香草酚蓝混合指示液　1.0g/L 甲酚红指示液与 0.1% 麝香草酚蓝溶液按体积比 1∶3 混合。

（3）甲基红-亚甲基蓝混合指示液　2g/L 甲基红溶液与 1g/L 亚甲基蓝溶液按体积比 1∶1 混合。

（4）甲基橙-亚甲蓝混合指示液　取甲基橙指示液 20mL，加 0.2% 亚甲蓝溶液 8mL，摇匀。

（5）甲酚红-麝香草酚蓝混合指示液　甲酚红指示液与 0.1% 麝香草酚蓝溶液按体积比 1∶3 混合。

（6）百里香酚蓝-酚酞混合指示液　1g/L 百里香酚蓝溶液与 1g/L 酚酞溶液按体积比 3∶2 混合。

（7）溴甲酚绿-甲基红混合指示液　将 1g/L 溴甲酚绿乙醇溶液与 2g/L 甲基红乙醇溶液按 3∶1 体积比混合。

（8）溴百里（香）酚蓝-苯酚红混合指示液　称取 0.08g 溴百里酚蓝和 0.1g 苯酚红溶于 20mL 乙醇中，加水 50mL，用 4g/L 氢氧化钠溶液调至 pH 为 7.5（红紫色），再用水稀释至 100mL。

（9）酸性铬蓝 K-萘酚绿 B 混合指示剂　称取 0.1g 酸性铬蓝 K，0.1g 萘酚绿 B 和 20g 干燥氯化钾，置于研钵中，充分研磨混匀，贮存于棕色广口瓶中。

3. 其他指示剂指示液（剂）

（1）二甲酚橙指示液（2.0g/L）　称取二甲酚橙 0.2g，加水 100mL 溶解，临用新制。

（2）二苯胺磺酸钠指示液（2.0g/L）　称取二苯胺磺酸钠 0.2g，加水 100mL 溶解。

（3）二苯偶氮碳酰肼指示液（5g/L）　将 0.50g 二苯偶氮碳酰肼溶于乙醇，用乙醇稀释至 100mL。

（4）双硫腙指示液（0.5g/L）　称取双硫腙 50mg，加乙醇 100mL 溶解。

（5）亚甲蓝指示液（5.0g/L）　称取亚甲蓝 0.5g，加水使其溶解，配成 100mL。

（6）邻二氮菲指示液　取硫酸亚铁 0.5g，加水 100mL 溶解，加硫酸 2 滴与邻二氮菲 0.5g，摇匀，临用新制。

（7）1,10-菲啰啉指示液（5g/L）　溶解 0.5g 1,10-菲啰啉氯化物（$C_{12}H_9ClN_2 \cdot H_2O$）于水中，稀释至 100mL。

（8）荧光黄指示液（1.0g/L）　称取荧光黄 0.1g，加乙醇 100mL 溶解。

（9）钙黄绿素指示剂　称取钙黄绿素 0.1g，加氯化钾 10g，研磨均匀。

（10）钙紫红素指示剂　称取钙紫红素 0.1g，加无水硫酸钠 10g，研磨均匀。

（11）钙指示剂（钙羧酸指示剂）　称取 0.20g 钙指示剂 [2-羟基-1-（2-羟基-4-磺酸-1-萘

偶氮)-3-萘甲酸〕或其钠盐与10g在105℃干燥的氯化钠，研细混匀。

（12）结晶紫指示液（1.0g/L）　称取结晶紫0.5g，加冰乙酸100mL溶解。

（13）酚红指示液（1.0g/L）　称取酚红0.1g，加乙醇100mL溶解，必要时滤过。

（14）铬黑T指示剂　称取铬黑T0.1g，加氯化钠10g，研磨均匀。

（15）铬黑T指示液（5g/L）　称取0.50g铬黑T和4.5g盐酸羟胺，溶于乙醇中，用乙醇稀释至100mL。

（16）铬酸钾指示液（100g/L）　称取铬酸钾10g，加水100mL溶解。

（17）偶氮紫指示液（1.0g/L）　称取偶氮紫0.1g，加二甲基甲酰胺100mL溶解。

（18）淀粉指示液（5.0g/L）　称取可溶性淀粉0.5g，加水5mL搅匀后，缓缓倾入100mL沸水中，边加边搅拌，继续煮沸2min，放冷，倾取上层清液。临用新制。

（19）硫酸铁铵指示液（80g/L）　称取硫酸铁铵8g，加水100mL溶解。

（20）碘化钾淀粉指示液（2.0g/L）　称取碘化钾0.2g，加新制的淀粉指示液100mL溶解。

（21）溴百里酚蓝指示液（0.5g/L）　称取0.05g溴百里酚蓝溶于50mL水中，加入10mL乙醇，用水稀释至100mL。

（22）磺基水杨酸钠指示剂溶液（100g/L）　10g磺基水杨酸钠溶于100mL水中。

（23）曙红钠指示液（5.0g/L）　称取曙红钠0.5g，加水100mL溶解。

（24）1-(2-吡啶偶氮)-2萘酚指示剂溶液(PAN指示剂溶液，2g/L)　将0.2g1-(2-吡啶偶氮)-2萘酚溶于100mL乙醇〔C_2H_5OH，95%（体积分数）〕中。

附录四

实验室常用缓冲溶液

（1）乙酸盐缓冲溶液（pH3.5）　称取乙酸铵25g，加水25mL溶解后，加7mol/L盐酸溶液38mL，用2mol/L盐酸溶液或5mol/L氨水溶液准确调节pH至3.5（电位法指示），用水稀释至100mL。

（2）乙酸-乙酸钠缓冲溶液（pH3.6）　称取乙酸钠5.1g，加冰乙酸20mL，再加水稀释至250mL。

（3）乙酸-乙酸钠缓冲溶液（pH4.3）　将42.3g无水乙酸钠（CH_3COONa）溶于水，加入80mL冰乙酸，用水稀释至1L。

（4）乙酸-乙酸钠缓冲溶液（pH4.5）　称取乙酸钠18g，加冰乙酸9.8mL，再加水稀释至1L。

（5）乙酸-乙酸钠缓冲溶液（pH6.0）　称取乙酸钠54.6g，加1mol/L乙酸溶液20mL溶解后，加水稀释至500mL。

（6）甲酸钠缓冲溶液（pH3.3）　取2mol/L甲酸溶液25mL，加酚酞指示液1滴，用2mol/L氢氧化钠溶液中和，再加入2mol/L甲酸溶液75mL，用水稀释至200mL，调节pH至3.25～3.30。

（7）邻苯二甲酸氢钾pH标准缓冲溶液（25℃，pH4.003）

配制方法 1：用袋装 pH 缓冲剂配制，按照袋上说明，将袋内的全部试剂用水溶解，于250m 容量瓶中稀释至标线，混匀，保存于聚乙烯瓶中。

配制方法 2：称取 2.550g 邻苯二甲酸氢钾 [$KHC_8H_4O_4$，预先在 115℃±5℃，烘干 2～3h，稍冷，放置于干燥器中]，溶于水，于 250mL 容量瓶中稀释至标线，混匀，保存于聚乙烯瓶中。

（8）邻苯二甲酸盐缓冲溶液（pH5.6）　称取邻苯二甲酸氢钾 10.0g，加水 900mL 搅拌溶解，用氢氧化钠试液（必要时用稀盐酸）调节 pH 至 5.6，加水稀释至 1000mL，混匀。

（9）邻苯二甲酸氢钾-氢氧化钠缓冲溶液（pH5.0）　取 0.2mol/L 的邻苯二甲酸氢钾 100mL，用 0.2mol/L 氢氧化钠溶液约 50mL 调节 pH 至 5.0。

（10）氨-氯化铵缓冲溶液（pH8.0）　称取氯化铵 1.07g，加水 100mL 溶解，再加稀氨水溶液（1+29）调节 pH 至 8.0。

（11）氨-氯化铵缓冲溶液（pH10.0）　将 67.5g 氯化铵（NH_4Cl）溶于水，加入 570mL 氨水，用水稀释至 1L。

（12）硼砂-氯化钙缓冲溶液（pH8.0）　称取硼砂 0.572g 与氯化钙 2.94g，加水约 800mL 溶解后，用 1mol/L 盐酸溶液约 2.5mL 调节 pH 至 8.0，加水稀释至 1L。

（13）硼砂-碳酸钠缓冲溶液（pH 10.8～11.2）　称取无水碳酸钠 5.30g，加水使溶解成 1L；称取硼砂 1.91g，加水溶解成 100mL。临用前取碳酸钠溶液 973mL 与硼砂溶液 27mL，混匀。

（14）硼砂标准缓冲溶液（25℃，pH9.18）

配制方法 1：用袋装 pH 缓冲剂配制，按照袋上说明，将袋内的全部试剂用水溶解，于250m 容量瓶中稀释至标线，混匀，保存于聚乙烯瓶中。

配制方法 2：称取 0.955g 硼砂（四硼酸钠，$Na_2B_4O_7 \cdot 10H_2O$，预先在盛有蔗糖饱和溶液的干燥器中平衡两昼夜），溶于刚煮沸后冷却的蒸馏水，转入 250mL 容量瓶中，加水至标线，混匀。保存于聚乙烯瓶中。

（15）磷酸盐缓冲溶液（pH2.5）　称取磷酸二氢钾 100g，加水 800mL 溶解，用盐酸调节 pH 至 2.5，用水稀释至 1L。

（16）磷酸盐缓冲溶液（pH5.8）　称取磷酸二氢钾 8.34g 与磷酸氢二钾 0.87g，加水溶解，稀释至 1L。

（17）磷酸盐缓冲溶液（pH6.8）　取 0.2mol/L 磷酸二氢钾溶液 250mL，加 0.2mol/L 氢氧化钠溶液 118mL，用水稀释至 1L。

（18）磷酸二氢钾-磷酸氢二钠标准缓冲溶液（25℃，pH6.86）

配制方法 1：用袋装 pH 缓冲剂配制，按照袋上说明，将袋内全部混合磷酸盐试剂用水溶解，于 250mL 容量瓶中稀释至标线，混匀，保存于聚乙烯瓶中。

配制方法 2：将分析纯磷酸二氢钾（KH_2PO_4）和磷酸氢二钠（Na_2HPO_4）试剂预先在 115℃±5℃，烘干 2～3h，稍冷，置于干燥器中。称取 0.850g 磷酸二氢钾（KH_2PO_4）和 0.8875g 磷酸氢二钠（Na_2HPO_4），溶于水，于 250mL 容量瓶中稀释至标线，混匀，保存于聚乙烯瓶中。

（19）磷酸盐缓冲溶液（pH7.0）　称取磷酸二氢钾 0.68g，加 0.1mol/L 氢氧化钠溶液 29.1mL，用水稀释至 100mL。

附录五

常见化合物的分子量

化合物	M_r	化合物	M_r	化合物	M_r
Ag_3AsO_4	462.53	$Ca(OH)_2$	74.10	$FeNH_4(SO_4)_2 \cdot 12H_2O$	482.22
$AgBr$	187.77	$Ca_3(PO_4)_2$	310.18	$Fe(NO_3)_3$	241.86
$AgCl$	143.35	$CaSO_4$	136.15	$Fe(NO_3)_3 \cdot 9H_2O$	404.01
$AgCN$	133.91	$CdCO_3$	172.41	FeO	71.85
Ag_2CrO_4	331.73	$CdCl_2$	183.33	Fe_2O_3	159.69
AgI	234.77	CdS	144.47	Fe_3O_4	231.55
$AgNO_3$	169.88	$Ce(SO_4)_2$	332.24	$Fe(OH)_3$	106.87
$AgSCN$	165.96	$Ce(SO_4)_2 \cdot 4H_2O$	404.30	FeS	87.92
$AlCl_3$	133.33	$CoCl_2$	129.84	Fe_2S_3	207.91
$AlCl_3 \cdot 6H_2O$	241.43	$CoCl_2 \cdot 6H_2O$	237.93	$FeSO_4$	231.55
$Al(NO_3)_3$	213.01	$Co(NO_3)_2$	182.94	$FeSO_4 \cdot 7H_2O$	278.03
$Al(NO_3)_3 \cdot 9H_2O$	375.19	$Co(NO_3)_2 \cdot 6H_2O$	291.03	$FeSO_4(NH_4)_2SO_4 \cdot 6H_2O$	392.17
Al_2O_3	101.96	CoS	90.99	H_3AsO_3	125.94
$Al(OH)_3$	78.00	$CoSO_4$	154.99	H_3AsO_4	141.94
$Al_2(SO_4)_3$	342.17	$CoSO_4 \cdot 7H_2O$	281.10	H_3BO_3	61.83
$Al_2(SO_4)_3 \cdot 18H_2O$	666.46	$CO(NH_2)_2$	60.06	HBr	80.91
As_2O_3	197.84	$CrCl_3$	158.36	HCN	27.03
As_2O_5	229.84	$CrCl_3 \cdot 6H_2O$	266.45	$HCOOH$	46.03
As_2O_3	246.05	$Cr(NO_3)_3$	238.01	CH_3COOH	60.05
$BaCO_3$	197.31	Cr_2O_3	151.99	H_2CO_3	62.03
BaC_2O_4	225.32	$CuCl$	99.00	$H_2C_2O_4$	90.04
$BaCl_2$	208.24	$CuCl_2$	134.45	$H_2C_2O_4 \cdot 2H_2O$	126.07
$BaCl_2 \cdot 2H_2O$	244.24	$CuCl_2 \cdot 2H_2O$	170.48	HCl	36.46
$BaCrO_4$	253.32	$CuSCN$	121.62	HF	20.01
BaO	153.33	CuI	190.45	HI	127.91
$Ba(OH)_2$	171.32	$Cu(NO_3)_2$	187.56	HIO_3	175.91
$BaSO_4$	233.37	$Cu(NO_3)_2 \cdot 3H_2O$	241.60	HNO_3	63.02
$BiCl_3$	315.33	CuO	79.55	HNO_2	47.02
$BiOCl$	260.43	Cu_2O	143.09	H_2O	18.015
CO_2	44.01	CuS	95.62	$2H_2O$	36.03
CaO	56.08	$CuSO_4$	159.62	$3H_3O$	54.05
$CaCO_3$	100.09	$CuSO_4 \cdot 5H_2O$	249.68	$4H_4O$	72.06
CaC_2O_4	128.10	$FeCl_2$	126.75	$5H_2O$	90.08
$CaCl_2$	110.99	$FeCl_2 \cdot 4H_2O$	198.81	$6H_2O$	108.09
$CaCl_2 \cdot 6H_2O$	219.09	$FeCl_3$	162.21	$7H_2O$	126.11
$Ca(NO_3)_2 \cdot 4H_2O$	236.16	$FeCl_3 \cdot 6H_2O$	270.30	$8H_2O$	144.13

化合物	M_r	化合物	M_r	化合物	M_r
$9H_2O$	162.14	KNO_3	101.10	$NaBiO_3$	279.97
$12H_2O$	216.19	KNO_2	85.10	$NaCN$	49.01
H_2O_2	34.02	K_2O	94.20	$NaSCN$	81.08
H_3PO_4	97.99	KOH	56.11	Na_2CO_3	105.99
H_2S	34.08	K_2SO_4	174.27	$NaCO_3 \cdot 10H_2O$	286.19
H_2SO_3	82.09	$MgCO_3$	84.32	$Na_2C_2O_4$	134.00
H_2SO_4	98.09	$MgCl_2$	95.22	CH_3COONa	82.03
$Hg(CN)_2$	252.63	$MgCl_2 \cdot 6H_2O$	203.31	$CH_3COONa \cdot 3H_2O$	136.08
$HgCl_2$	271.50	MgC_2O_4	112.33	$NaCl$	58.44
Hg_2Cl_2	472.09	$Mg(NO_3)_2 \cdot 6H_2O$	256.43	$NaClO$	74.44
HgI_2	454.40	$MgNH_4PO_4$	137.32	$NaHCO_3$	84.01
$Hg_2(NO_3)$	525.19	MgO	40.31	Na_2HPO_4	141.96
$Hg_2(NO_3)_2 \cdot 2H_2O$	561.22	$Mg(OH)_2$	58.33	$Na_2HPO_4 \cdot 12H_2O$	358.14
$Hg(NO_3)_2$	324.60	$Mg_2P_2O_7$	222.55	$NaHSO_4$	120.07
HgO	216.59	$MgSO_4 \cdot 7H_2O$	246.49	$Na_2H_2Y \cdot 2H_2O$	372.24
HgS	232.65	$MnCO_3$	114.95	$NaNO_2$	69.00
$HgSO_4$	296.67	$MnCl_2 \cdot 4H_2O$	197.91	$NaNO_3$	85.00
Hg_2SO_4	497.27	$Mn(NO_3)_2 \cdot 6H_2O$	287.06	Na_2O	61.98
$KAl(SO_4)_2 \cdot 12H_2O$	474.41	MnO	70.94	Na_2O_2	77.98
KBr	119.00	MnO_2	86.94	$NaOH$	40.00
$KBrO_3$	167.00	MnS	87.01	Na_3PO_4	163.94
KCl	74.55	$MnSO_4$	151.01	Na_2S	78.05
$KClO_3$	122.55	$MnSO_4 \cdot 4H_2O$	223.06	$Na_2S \cdot 9H_2O$	240.19
$KClO_4$	138.55	NO	30.01	Na_2SO_3	126.05
KCN	65.12	NO_2	46.01	Na_2SO_4	142.05
$KSCN$	97.18	NH_3	17.03	$Na_2S_2O_3$	158.12
K_2CO_3	138.21	CH_3COONH_4	77.08	$Na_2S_2O_3 \cdot 5H_2O$	248.17
K_2CrO_4	194.19	NH_4Cl	53.49	$NiCl_2 \cdot 6H_2O$	237.69
$K_2Cr_2O_7$	294.18	$(NH_4)_2CO_3$	96.09	NiO	74.69
$K_3Fe(CN)_6$	329.25	$(NH_4)_2C_2O_4$	124.10	$Ni(NO_3)_2 \cdot 6H_2O$	290.79
$K_2Fe(CN)_6$	368.35	$(NH_4)_2C_2O_4 \cdot H_2O$	142.12	NiS	90.76
$KFe(SO_4)_2 \cdot 12H_2O$	503.28	NH_4SCN	76.13	$NiSO_4 \cdot 7H_2O$	280.87
$KHC_2O_4 \cdot H_2O$	146.15	NH_4HCO_3	79.06	OH^-	17.01
$KHC_2O_4H_2C_2O_4 \cdot 2H_2O$	254.19	$(NH_4)_2MoO_4$	196.01	$2OH^-$	34.02
$KHC_4H_4O_6$	188.18	NH_4NO_3	80.04	$3OH^-$	51.02
$KHSO_4$	136.18	$(NH_4)_2HPO_4$	132.06	$4OH^-$	68.03
KI	166.00	$(NH_4)_2S$	68.15	P_2O_5	141.94
$KHC_8H_4O_4(KHP)$	204.22	$(NH_4)_2SO_4$	132.15	$PbCO_3$	267.21
KIO_3	214.00	NH_4VO_3	116.98	PbC_2O_4	295.22
$KIO_3 \cdot HIO_3$	389.91	Na_3AsO_3	191.89	$PbCl_2$	278.11
$KMnO_4$	158.03	NaB_4O_7	201.22	$PbCrO_4$	323.19
$KNaC_4H_4O_6 \cdot 4H_2O$	282.22	$Na_2B_4O_7 \cdot 10H_2O$	381.42	$Pb(CH_3COO)_2$	325.29

化合物	M_r	化合物	M_r	化合物	M_r
$Pb(CH_3COO)_2 \cdot 3H_2O$	379.34	Sb_2S_3	339.81	$SrSO_4$	183.68
PbI_2	461.01	SiF_4	104.08	$UO_2(CH_3COO)_2 \cdot 2H_2O$	424.15
$Pb(NO_3)_2$	331.21	SiO_2	60.08	$ZnCO_3$	125.39
PbO	223.20	$SnCl_2$	189.60	ZnC_2O_4	153.40
PbO_2	239.20	$SnCl_2 \cdot 2H_2O$	225.63	$ZnCl_2$	136.29
Pb_3O_4	685.6	$SnCl_4$	260.50	$Zn(CH_3COO)_2$	183.43
$Pb_3(PO_4)_2$	811.54	$SnCl_4 \cdot 5H_2O$	350.58	$Zn(CH_3COO)_2 \cdot 2H_2O$	219.50
PbS	239.27	SnO_2	150.69	$Zn(NO_3)_2$	189.39
$PbSO_4$	303.27	SnS	150.75	$Zn(NO_3)_2 \cdot 6H_2O$	297.51
SO_2	64.07	$SrCrO_4$	203.62	ZnO	81.38
SO_3	80.07	$SrCO_3$	147.63	ZnS	97.46
$SbCl_3$	228.15	SrC_2O_4	175.64	$ZnSO_4$	161.46
$SbCl_5$	299.05	$Sr(NO_3)_2$	211.64	$ZnSO_4 \cdot 7H_2O$	287.57
Sb_2O_3	291.60	$Sr(NO_3)_2 \cdot 4H_2O$	283.69		

[1] 国家药典委员会编. 中华人民共和国药典. 2015 年版. 四部. 北京：中国医药科技出版社，2015.

[2] 李广超，田久英. 工业分析. 第 2 版. 北京：化学工业出版社，2014.

[3] GB 5009.6—2016. 食品安全国家标准　食品中脂肪的测定.

[4] GB 5009.92—2016. 食品安全国家标准　食品中钙的测定.

[5] GB 5009.124—2016. 食品安全国家标准　食品中氨基酸的测定.

[6] GB 5009.235—2016. 食品安全国家标准　食品中氨基酸态氮的测定.

[7] GB 23200.98—2016. 食品安全国家标准　蜂王浆中 11 种有机磷农药残留量的测定　气相色谱法.

[8] GB 5413.18—2010. 食品安全国家标准　婴幼儿食品和乳品中维生素 C 的测定.

[9] GB 5009.11—2014，食品安全国家标准　食品中总砷及无机砷的测定.

[10] GB 5009.19—2008. 食品中有机氯农药多组分残留量的测定.

[11] GB/T 23836—2009. 工业循环冷却水中钼酸盐含量的测定　硫氰酸盐分光光度法.

[12] GB/T 6909—2008. 锅炉用水和冷却水分析方法　硬度的测定.

[13] GB/T 6912—2008. 锅炉用水和冷却水分析方法　亚硝酸盐的测定.

[14] GB/T 14427—2008. 锅炉用水和冷却水分析方法　铁的测定.

[15] GB/T 15453—2008. 工业循环冷却水和锅炉用水中氯离子的测定.

[16] GB/T 176—2008. 水泥化学分析方法.

[17] GB/T 212—2008. 煤的工业分析方法.

[18] GB/T 214—2007. 煤中全硫的测定方法.

[19] GB/T 211—2007. 煤中全水分的测定方法.

[20] HJ 84—2016. 水质　无机阴离子（F^-、Cl^-、NO_2^-、Br^-、NO_3^-、PO_4^{3-}、S_3^{2-}、SO_4^{2-}）的测定　离子色谱法.

[21] HJ 668—2013. 水质　总氮的测定　流动注射-盐酸萘乙二胺分光光度法.